共生的设计

ともいき

〔日〕 枡野俊明 著　康恒 译

中国建筑工业出版社

我是曹洞宗德雄山建功寺（位于横滨鹤见）的住持，同时也从事庭园设计工作。

我为一些大学、酒店、私宅、办公大楼等设计庭园，除日本外，在美国、新加坡、德国、中国、印度尼西亚、伊朗、拉脱维亚等地都有我所创作的项目。

身为一名禅僧，我的设计以禅的思想为本，再善加运用各国不同的风俗、文化和宗教；与此同时，我不断摸索尝试着如何传达日本的美意识和价值观等。

自古以来，日本拥有独特的美意识和自然观并传承至今。

比如在料理上装饰鲜花，品尝当季美味，室内用品随季节更换花样图案等，将自然的美融入生活，感受一年四季的变化并把这些视为最奢华的享受。

发现【变化】中的美，比起【形式】更需注重空间的氛围。

此外，我们不是去支配自然，而是与自然共生，即是参与。

这就是目前受世界关注的日本价值观。

而这种价值观来源于禅的艺术。

禅阐述着【生命的本质】。禅的艺术从修行感悟中得来，它成为日本艺术的根源，例如茶道、花道、能乐，包括当代艺术。

　　不仅在日本，许多海外的电影导演、音乐家、画家、企业家，以及创作人士等都有受禅宗思想的影响。

　　禅的世界观，在我们每一个日本人的心里早已根深蒂固，根据每个人的自我需求，如建筑、设计、艺术等领域都涉及其表现。

　　从这里开始，突破并超越【自我】的表现，不刻意地引导人们走进【无】的境界，真正地让人从心里产生感动。

　　从而让人们重新找回平常里容易被遗忘的感受及情感。

　　我希望那些认为【禅】只是一种【宗教】，对此不感兴趣的人，也能阅读此书。因为禅的趣味及独特性，可以让人得到许多创作的启发。

　　2011年震灾后的日本，在此后十年、二十年的重建复兴道路上，通过禅的思想寻找人与自然的关系，并思考当今社会所存在的各种问题，希望能让人们重新审视人生价值及其生活方式。

　　此外，希望本书能让全世界最善于感受及表现的人们，拓展创作活动的视野，为某些思想创作活动打下基础，则乃吾幸。

　　合　掌

枡野俊明

2011年9月末

目录

前言

第一章 审视内心

第二章 设计世界

第三章　与素材对话

石

绿

水

现代素材

第四章 寻找极致之美

第五章 给未来的创作者

图片出处：本书刊载的照片，摄影作品部分出自田畑MINAO，其他为日本造园设计提供。

编注：【中文版注】置于页214-215，中文以【注】标示。

第一章

审视内心

何为庭园？

　　庭园对我而言，是传递待客之道【表现内心】的地方，也是传递自我修行成果【表现自我】的地方。

　　禅言【母牛饮水变成乳，毒蛇饮水变成毒】。同样的水，由于饮者的不同，可成毒，亦可成乳。同样的道理，也适用于庭园。故想要产出香醇的乳汁，平日不间断的修行是不可或缺的。

　　若未能在打造庭园时捋顺自己的心绪，那么所完成的作品就无法体现高层次的精神境界。庭园好比是一面镜子，它将呈现出人的本来面貌。

　　进行曹洞宗大本山总持寺的云水禅修时，我体验到的严酷，在最初数周间，令七十四人中的十四人落荒而逃。即使如此，我仍然持续修行，挑战肉体与精神的极限，寻找自我，正视【本我】。然而，于我而言，最能传递人生态度的还是庭园，最能测试自己实力的还是庭园创作。

　　我将全部心力投注于有限的用地，设法呈现日本自古传承下来的【空寂】、【闲寂】、【幽玄】等氛围与禅的精神。

　　在欧美，人们着重于完美保持【形】。欧洲的庭园是左右对称。由于其为石的文化，建筑物都是石造，且多为二到三层，所以设计庭园时更重视从高楼层俯视时如何才能美观有形。

日本庭园情况则恰恰相反。更关注园内弥漫着的气息，以及隐匿其中的精神世界，着重将精神性反映于空间当中。日本庭园首重空间的自然特征，留意空间中的素材、建筑物与庭园之间的联系，再设法均衡调配布置。日本是木的文化，其建筑物也多为木造。

为了让庭园的访客能够从其中获得心灵的宁静、沉淀浮躁、拥有置身大自然之中的至福感，采用何种方式打动人心对我来说至关重要。

我希望我所打造的庭园，是能让人们静静地、久久地伫立凝视，不舍离开的庭园；是能让人重省自己生活态度的庭园；是能让人体会生命的喜悦的庭园。我鞭策自己努力精进，愿自己打造的庭园可以成为代表日本的空间造型艺术。

外务省总部　中庭【三贵庭】2005【从高楼层眺望景象】

石、树、土……尊重所有的生命

柏林　日本庭园【融水苑】2003　【意象素描】

打造庭园时，有一项前提观念。

那就是【万物皆有生命】。

即指我们必须诚心尊重人类以外的所有生命。树木中也蕴含着生命、是非道理，也拥有内心。无论是石、土或水，万物皆有生命。这是所有思想之本。

既然万物皆有生命，那么我们就必须思考如何善待生命。

若将此前提运用于不同对象，就形成了例如【掌握大地的脉搏】、【理解大地之心】；如果对象是石，便是【理解石头的内心】；如果是树，则是【理解树的内心】。

即便是一株倾斜弯曲的树，也必须思考如何发挥它的特色。

进行建筑设计时，人们通常会使用设计图纸和执行日程表。当尺寸章法量定完成后，就能依照图纸和日程表陆续动工作业。

然而我在参与打造庭园时，却不能如法炮制。因为自然界中的石与树，毫无章法尺寸可言。

思考一块石的呈现形式，是一项十分耗时的工作。为了将其魅力最大限度地展示于人前，我需要深入地思考，与石头来一次彻底的对话。

尊重石的生命（石心），善用石的生命（石心），需要周全考虑石头的摆设方式和角度。因为一点点细微的变化，都将给庭园空间的整体印象带来改观。

洗涤心灵

我在前文提过庭园是款待访客、【表现内心】的地方，也是表现修行累积成果的【表现自我】的地方。

为了设计出这样的庭园，当我置身其中时，必须心如止水，才能揣摩大地的脉搏，【了解这片土地的本质】。

因此，【自然观察】与【坐禅】是我的日常中不可或缺的部分。每天洗涤自己的内心，细心观察自然，历练身心，让心境保持澄净状态，才能够随时正确解读大地之心。

日复一日的生活中，难免有杂念烦扰，欲望执着丛生。禅中最具代表性的修行【坐禅】就是要训练自己设法控制，保持平心静气，剔除这些无谓思虑。坐禅是释怀思绪、保持纯真无瑕的良方。

如果每天玩泥巴，定会玩得满身泥泞。若能每星期清洗一次衣物，那么衣服又会洁净如新。泥泞、清洗、泥泞、再清洗。如此周而复始，便不会发生沾染上身的泥泞污垢洗不干净的情形。就像清洗衣物一样，养成用坐禅来重启自己的习惯，工作繁忙时即使只是每星期一次也无妨。不过，有时间的话，还是希望坐禅次数越多越好。

习惯坐禅之后，会开始留心到平常容易忽略的事物，鸟啼风鸣，新叶花香。正如脑中【鸟儿正在啼唱】的想法闪过一般，那些杂念、困扰纠缠的烦恼都会自然流逝。唯有回归澄净透明的心灵，才能与空间对峙。

不妥协的修行才能传递精彩

打造庭园，在我看来就是修行。

寺庙中的农作劳动称为【作务】，被视为一种佛道修行，坐禅也是最具代表性的禅修之一。

这些修行对我而言，尤其是【打造庭园】，都会映照出以往修行所得的成果，投射出过往累积形成的自我。为了再现审视【本我】的空间，我唯有一心一意、战战兢兢地将自己投注于庭园空间中，不能有任何蒙混与妥协。

例如，庭院打造中，有在白砂上画出帚目[注1]或砂纹的步骤，必须从头到尾全神贯注、无妄无欲，才能绘出流畅的线条。若执着于想要【画漂亮、画直】的想法，反而容易中途分心而画歪。呈现出的线条将忠实地再现【当时的思绪】与杂念，在某种意义上它也是一种修行。

此外，建筑和庭园完工之后，也必须保持完美的状态，这就离不开清扫这项修行。即使隐晦之处，也必须打扫就是这项修行至关重要的地方。比如树木背面，树木表面显而易见，而树木背面则鲜有问津，但这并不意味着无需打扫。马虎妥协，绝不可取。

禅的观点是，世间所有行为都蕴含着真理与道理。世上不存在无谓的事物。

修行中不敷衍不妥协，才能将精彩呈现于所创作的庭园之中。

曹洞宗祇园寺紫云台 【龙门庭】1999 【龙门庭】北侧眺望景象

禅庭的诞生

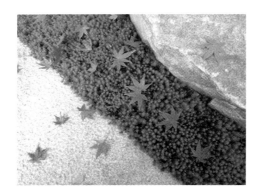

　　禅可理解为遇见【自我】，即为发现自身中的佛性与佛心。重要的并非用头脑去解读，而是亲身体验存在于自身之中的真理与道理。这也就是我们所说的【悟】、【大悟】。

　　禅本无任何定形，看似哲学，却又并非哲学。哲学是一门学问，以理论证即可。而禅的思考模式虽与哲学相近，但必须在日常生活当中加以实【行】；换言之，禅需要日常生活当中的修行积累。正因有修行，禅才并非一门学问，而是佛教的宗派。这是两者最大的不同。

透过修行重新发现自己，遇见自己真正的内心，这也称为【领悟】。通常人会设法将这些领会以某种具体的形式加以展现。擅长绘画的人，具备文学功底的人，喜好雕刻或庭园等立体造型的人，人们会在自己擅长的领域，展示出各自的领悟。

曾有僧侣想象昔时祖师大悟的瞬间场景，并将之描绘于画布上。人们将这些画功了得的僧侣，称为【画僧】。而致力于以文学来抒发领悟的僧侣则研读汉诗，称为【五山僧】，正是他们形成了五山文学。此外，偏好立体造型的僧侣们则选择打造庭园，人称【石立僧】。书法称为墨迹，所有僧人皆精此道。

言及画僧便有雪舟，庭园亦有梦窗国师，五山文学则为春屋妙葩，三位都在各自领域中享负盛名。

他们各自以平面、空间、文学的形式来展现自己的感受。

雅士汇聚，促成沙龙集会。这种场所也称为会所。

如右图所示，禅寺中设有名为【方丈】的建筑物，并内分为六个空间，每个空间都有各自的名称和功能。内方丈处的上奥堂（别名住持房或书院）即为用于聚会的会所。擅长水墨画的僧人在这里挂上画轴，供雅士们欣赏评论，有感而发的僧人将自己的思绪以汉诗书写于画轴上，便成为诗画兼具的诗画轴。

再有擅长打造庭园的僧人，在下次聚会之前，将画轴中得到的灵感，化为禅寺中的庭园。于是下次聚会时，众人就能在观赏庭园之际，将自己的感受吟诗作画。如此往复，灵感衍生不绝。于是，这里凝聚众人的心声，成了大家各抒己见的场所。

如此和谐的空间与周遭，原本就是住持心目中最为理想的环境。

禅寺住持最初的理想状态就是【树下石上】，即为独自在自然山色中清静隐居，聆听川流水声，或于石上坐禅，以阔达自由的心境闲静度日。

可是，在京都这样繁闹的街道，很难达成这种理想的状态，所以唯有设法打造深山飞瀑等景色，将上奥堂空间与周边尽量还原自然。

石立僧铁船宗熙（又名般若坊宗熙）有言:【三万里程缩于方寸】

他完美地将远至彼岸的景色，缩影于庭园之中。这就是枯山水的起源。

衣钵间	佛间	书院间
檀那间	室中	礼间

走廊

禅僧向武士阐述生存之道

最初只有禅僧聚集于会所频繁进行各项活动。后来，又吸引了武士和将军等越来越多的人加入，他们希望在会所中能够寻求到处事判断的基准。

当时连年征战，武士为了取得天下霸权，手足相残。在无尽的杀戮中，武士开始丧失了自己的信仰，迷茫于如何面对明日或将战死沙场的恐惧。他们想要了解如何调整自己的心态，活在当下。

武士对人生怀有困惑，于是他们向会所的禅僧们寻求【生存之道】，以抚慰不安的心灵。

镰仓幕府的历代领袖都曾求教于禅僧门下。

举例来说，北条赖时师从道元禅师出家；其子北条时宗远从中国邀请宋僧无学祖元渡海来日，修建圆觉寺以参禅求教。武士开始到访禅寺以向僧人讨教处事思考的方法。于是，禅僧的会所活动在武士之间的好评日增月涨，他们也将目光从最初的人生处世之道，转向从禅当中孕生的艺术文化，并开始将这些艺术文化引到日常生活之中。

禅寺将两件事物发扬光大。其一是书院造[注2]样式的建筑物。武士建造宅邸时，清一色效仿禅寺采用了书院造。

另一项则是寺庙的书院。禅寺中的书院原本仅是作为会所空间使用的小房间（上奥堂，别名住持房或书院），由于无法容纳较多的人数，逐渐被扩建为侧厢书院，并建造走廊以连接。

也就是说，书院共有两种，一种是指寺中扩建的侧厢书院，而另一种是作为武士宅邸使用的书院。

可以毫不夸张地说，所有日本的传统艺术、文化、娱乐都是从书院，也就是会所中孕育而生的。

一休文化学校

造访会所的不仅限于武士，各领域的先驱们也会来求教。他们试图通过请教禅僧以精益求精。

例如，在平安时代，从事花艺、庭园、绘画等领域的多为贵族；但到镰仓时代，这些领域都由禅僧取而代之。其后，这些勤于拜师禅僧门下学习的人，又成长为各领域的行家。

这些人虽曾各自拜师习艺，但都未触及精髓。于是他们前往禅僧门下求教修行。

举例来说，凭连歌著称的饭尾宗祗，以绘画闻名的曾我蛇足，集茶道之大成的村田珠光，创能乐水准新高的世阿弥女婿金春禅竹，都经常前往求教以机智著称、昵称一休的一休禅师。一休禅师常驻于大德寺，在应仁之乱[注3]后被迅速重建。这些雅士全都是一休禅师的弟子。大德寺也可谓是一休文化学校。

众人通过在一休门下参禅修行，以不断精进自己的艺术。例如，村田珠光奠定日式茶道的基础后，弟子武野绍鸥继之，最后由其弟子千利休发挥到了极致。

应仁之乱后，大德寺遭祝融焚毁，一休禅师寻求大阪界区商人协助。由于这些商人财力雄厚，在他们的庇护与协助下，大德寺才得以快速重建，后来许多商人亦出家为僧。

千利休出家后，千宗易。所谓【宗】，即表示在大德寺出家之意。一休宗纯、古岳宗亘、东溪宗牧皆为其例。即使到了现代，品茶之士的茶名仍称为宗名。

寒川神社神岳山神苑整治（二期）【神苑】2009【四叠半台目的茶席】【注4】

梦窗国师的信念与精神

　　国师原本是偏好独自一人静心修行的禅僧。

　　然而，时局环境却让国师不得清闲。当时时局混沌，人人都被迫生活在爱恨交错、敌我对立的世界之中。

　　在如此的局势下，国师向世人普渡了禅的世界观，即摒弃单一的二元对立思考定式，超越藩篱以修习心灵的充实。因此，即使是日本南北朝对立的时代[注5]，国师依然受到两朝崇敬，并被尊称为【七朝帝国师】。

　　言及国师，人们通常是指梦窗疏石。

　　国师是一位全才，受到众人的景仰与尊敬。这位国师热衷打造庭园，人称【园霞癖】。据说非常喜欢水和石的国师经常留意收集佳石，只要一有空地，就摆弄放置石头，打造庭园。

　　据记载，每每打造庭园，国师定亲赴现场，指点重要石组[注6]的摆放。身兼大寺住持与辅佐朝政的国师，他原本已应分身乏术，难得片刻清闲，却还得到【园霞癖】的称号，足见他对打造庭园由衷地热爱。

　　托此好之福，他为后世留下天龙寺、以苔寺著称的西芳寺等名园。国师打造的庭园，座座都是日本最具代表性的庭园。禅意【枯山水】始于国师，而其原点就在西芳寺和洪隐山的泷石组[注7]中。

国师打造的庭园无一例外地流淌着国师本人的强烈意志。尤其是其石组作品中，彰显了难以言喻的品格。庭园的整体结构亦相当均衡、超凡入圣。这些庭园作品，都离不开国师与生俱来的审美意识以及他细致入微的观察，两者相辅相成才造就了如此卓越的美感。

同身为喜好庭园的禅僧，国师是我仰之弥高、望尘莫及的憧憬，我日日精进修行，期许的便是有朝一日得以跟上国师的脚步。

尤其，我坚信国师所言万事万物绝非二元对立，只要能够不懈地努力跨越突破这层思想定式，世界将豁然开朗。

我希望能像国师一样，打开自己的内心世界，将所得领悟灌注于庭园这座空间造形艺术当中。

如此一来，才能够真正表现禅的世界观——生活于充实的精神世界。

曹洞宗祇园寺紫云台【龙门庭】1999【龙门庭】

现代都市中的日本庭园

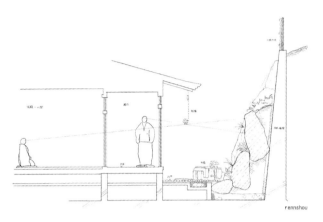

净土宗 莲胜寺 客殿庭园【普照庭】1999【意象素描】

唯有在有限的日常空间中打造庭园，其意义才方为深远。

日本原本便有其自成一派的审美意识和价值观，我经常思考如何表达这些观念才能让日本庭园在现今的都市和建筑空间得以传承。同时，我也不断摸索，在现代都市空间中，如何才能打造出让人回归本我的空间。我相信唯有庭园与自然空间，能够沉淀心灵，进而重新省视内心，感受滋润。正是由于现代人都生活在一天二十四小时恒温、毫无时节季候变化的大楼内，所以更需要这样的空间。

作为日本空间造形艺术的建筑物和庭园中都蕴含着【庭屋一如】的深意，即庭园与建筑物二位一体。建筑物亦是庭园的结构要素之一，从建筑物眺望屋外时，庭园景色必须犹如一幅画作。

在东京都内的港湾曲町饭店（原曲町会馆）庭园设计中，我将墙缘设置为画框，屋内的人观赏庭园时，就如同欣赏着一幅画作。在这幅画中，我试图在其中融入日本独有的普世价值观和审美意识。

这其中蕴含了瞬息万变的自然之美、光影交织之美。哪怕是园中随风摇曳的枝叶、还是水中倒映的石组和树木，或是虫鸣鸟啼，每一个细节都会发挥各自的作用，最终融汇形成庭院这座空间造形艺术之中。

举例来说，若在庭园内种植枫树，那随风飘摇的树枝会为人展现变幻无穷的美。在水中倒映、在石面上投射下的的树影中，日本人发觉了难以言喻的美。

将这些审美意识和价值观传承到都市的日本庭园，其实也是对日本文化的一种发扬。

生死轮回，关注当下

【时间】的概念非常抽象，虽然观点众说纷纭，禅僧说的比较多的则有【活在三世】。

三世即【现在、未来、过去】。

江户时代以前所建造的古禅寺，正中央必有释迦牟尼像，两旁则是阿弥陀像和弥勒菩萨像。在日本，阿弥陀像代表未来，弥勒菩萨像则是过去。正如我现在撰写这篇文章时，【写】这一瞬间是现在，而随后新的未来也正朝着我而来。【写下】则成为过去。

这就是禅中所言的生死，即【生死轮回不息】。

当下这一瞬间是生，然而过去的则消逝死去。而即将降临的未来则意味着重生。

如此生死轮回不息，就让每一个人都必须努力活在当下，因为人的一生正是由每一个瞬间积累而成。也有人说是【活在每一次呼吸】。每次呼吸，每一口气都倾注全身心。因为每一个生命的瞬间都是转瞬即逝的，必须牢牢把握。

这是我打造庭园之际的最基本的前提。

打造建筑物和庭园时，我会思及在时间的流动中，使用者的人生阅历将如何与建筑物、与庭园产生交集与互动。

　　交集越多，庭园便会愈发地庞大而厚实。

　　因此，我设计庭园时总会专注于每一个瞬间，将生命之重倾入其中。

Ｈ宅庭园　德国斯图加特【不二庭】【庭全景】

第二章

设计世界

【预演】的重要

打造庭园时，我比一般建筑和造园做法要多一个步骤。通常建造过程中所没有的这一步，我们将其称为【试组】。【试组】时，我们将庭园中重要的部分，以完全相同的材料在别处组合建造排列。

例如，建造数寄屋[注8]等建筑物的庭园时，我们在试组的基础上还会判断其采用的表层饰材是否合适、是否粗细不均等，一发现不协调便调配更换。这是必须经过实际组装才能获知的【感觉】。

在选择木头等材料时，通常会以经验来考量【此处大致选择这么粗的即可】，然而这仅是凭借在脑中模拟描绘整体规模所得出的结论。即便有模型等物件可供参考，但更多感受必须尝试实际试装于天花板、在现场或坐或站着观察后才能够体会。如果天花板托梁太粗，就缩小尺寸。我便是这样总在现场思前想后，尝试着各种摆放方式；想要创作高品质的作品，就必须摒弃一般的手法。石组也是同理。

日本建筑中，无论是建筑还是庭院，试组都是从前即有的传统做法；现今社寺佛阁或数寄屋的木工师傅们在建造时，也仍然必定执行这一步骤。造园师也是如此。然而，现在这项步骤常为CAD（电脑辅助设计）所取代，有不少设计师总是说【只需根据图纸建造即可】，或是【照着做就对了】，只要图面完整，不管设计如何、亦不论实际感受，仅仅是照章行事、依图建造而已。每逢这种时候，我总是会说：【请相信我的实际感受，我就是一张行走的图纸。】

最重要的是当场所体会到的【感觉】。为了找到这种感觉，无论是石组或数寄屋，试组都是不可缺少的步骤。

试组 茶屋下的堆石 寒川神社二期工程
根据实际的石头大小来决定堆石形成的线条

试组 石长椅 寒川神社二期工程
计划沿着下池边缘，以濑户内海产花岗石建造长椅
正在进行试组

避免先人为主

　　我几乎从不携带图纸去施工现场，有时是因为基本的结构都已记入脑中，更多的时候是由于有一些【感觉】，唯有亲临现场感受并解读空间才能够获得。

　　依据这些感觉，我会在脑中构思设计。尽力将在现场感受到的美和优点发挥到极致。凭借着空间哲学和设计哲学，我将这些美与优点在设计中最大化体现。

　　这个时候，我绝不会刻意将自己想法生搬硬套到设计当中。因为每个空间都有自己的特性，在现场观察到的这些特性才是绝对的。我会将通过在现场直面空间、与其对话所得到的第一感受为优先考量。

　　【这边如此设计】、【那边如此设计】，容易让作品显得累赘。在设计的过程中，哪怕脑中带有一丁点儿试图制造惊奇、试图给众人带去感动的想法，这些想法都会化为氛围充斥于空间之中。

　　我们不能带着这样的想法来进行设计，空间首先要让访客感受放松舒适。这样打造出的庭园才会呈现出似有若无、自然无造作的风景。

设计，绝不能仅赤裸裸地流露于表面。

最重要的是，即使经过缜密的计算，也不能让访客察觉到丝毫刻意。唯有将设计不经意地融入空间，才能让访客毫无阻碍地感知美，感受到空间的舒适。

柔韧的强度

现在，人们在盖房子时，通常是仅用在工厂切割完成的预切组件进行组装来完成整体结构。在接合木头时，以前多用楔子以榫嵌衔接；而现在则是用金属零件衔接，旋紧螺栓强行固定。由于金克木，长此以往木头终将无法承受金属零件的强度。而这些固定部分被隐藏于墙壁和顶棚内，从表面是无法看出的。

日本的传统建筑绝对不会采纳这样的方式。例如，在做屋顶天花时，屋顶的内侧直接作为天花展现于人面前，屋顶结构也将显露无遗，所以绝对无法草率了事。

此外，如今旋紧螺栓来固定结构的方式，也无法承受地震剧烈摇晃，房屋很容易一下子就瓦解崩塌。

如是采用以前的楔子嵌接方式，即便是地震过后，也只会稍许松脱。由此可知，传统建筑是多么坚固。因为传统建筑只以楔子嵌接，而不使用容易损耗木材的螺栓或金属零件。

然而日本正逐步受到西方的建筑思想的洗礼，螺栓固定成为一种常识。甚至日本建筑基准法规定建筑物与地基必须用螺栓固定。因为这样才得以计算地震时的耐力，验证力的传导途径。

然而，古老的社寺佛阁和数寄屋等，都是在础石上开洞榫接，柱子也是采用榫接方式，地震时只会纵向晃动，但只要不是强烈地震，都不会轻易倒塌。

我曾听过这样的新闻报道。阪神淡路大地震时，神户市须磨区有两座寺庙，距离仅数百米。两座寺庙的山门几乎同样大小，一座是昔日江户时代建造，另一座是则是用螺栓固定的现代建筑物。

地震之后，新建的山门柱子被拦腰折断。

可是，另一座山门因为未强行与地基固定，虽被向上顶了三米左右，还嘎吱嘎吱地被迫前移，但除了掉落了一些瓦片之外，其他部分毫无损坏。地震之后，人们直接将山门吊起嵌回原处，就恢复了原貌。

日本的城堡也非常坚固。石与石相互组合的结构牢固且不易崩塌。每一块石头背后还隐藏着更长的支撑部分，这些表面看不见的部分其实非常厚实。

此外，堆石结构中由于石块相互交错，所以很难崩坏。至于城堡的壕沟，从前的石造技术已经具备将堆石在壕沟底部形成 U 字形并相连到另一侧的水准。首先挖掘壕沟，再将石头堆积到规定高度。

虽然江户城等城堡也使用许多加工石，不过基本上只有角石才选用加工石，其余都尽量选择不加工的天然石。即使加工，也只限用凿子和钻子，堆石后再填充一米至一米五左右的砂石，所以就算下雨，墙壁也不会渗水。

建筑的工法形形色色，日本传统建筑思想中带有【玩性】，所以施工手法也具有很大的弹性空间。

只是，从现代的观点来看，传统工艺无法对应结构方面的计算。即便如此，我仍然认为传统的工法更为优异。

寒川神社神岳山神苑整备（一期）

【神岳山】2007

【位于神社正中央的神岳山后参拜所】

设计访客的心

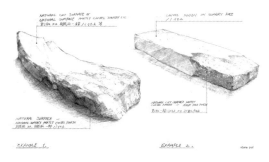

柏林日本庭园【融水苑】2003【意象素描】

设计庭园时，有三大考量：

【人们在什么场景下使用（到访）空间？】

【谁会使用（造访）空间？】

【人们又是带着何种心境到访这座空间？】

这三大考量是为了更透彻了解使用者的内心状态。

使用者若想在庭院中沉淀心灵，在静静地欣赏景色的同时审视自己的内心、寻找自我的话，其空间构成可设计得稍许严肃规整一些。例如，京都龙安寺是以石、石、石打造出令人能聚精会神的静谧空间。身处其中时会不由腰杆挺直、正襟危坐，而不会忘情哼唱。

石庭最能展现创作者本身；简而言之，石庭是百分之百再现了创作者内心的空间，并引导到访者在这座空间中重新审视真正的自我。

　　如果使用者期许能够远离都市的喧嚣、期待宁静自然疗愈的话，或许可以将空间设计得更温柔祥和，例如多设置些绿意，营造出犹如置身自然中的氛围以舒缓心情。此外，可以通过设计让空间显得更为开阔，更能令心情悠闲温和。

　　最重要的是在对使用者有一定了解的基础上，把握使用者对庭园的精神诉求。

　　举个例子，在箱根有一家酒店新开张，计划在中庭打造一座庭园。我根据这些信息可以预计到前来的访客应该多居住在东京和首都圈附近地区。这些人总是在日常生活中与时间赛跑，缺少与大自然亲近相处的时间。因此，他们试图来到箱根，呼吸新鲜的空气，感受慢节奏的氛围，充分享受身心自由的感觉。人们就是带着这样的心境造访这座空间的。在这样的诉求之下，在庭园中采用都市风格的设计，或是运用现代的素材都是不合时宜的。这座庭园必须给人以都市中无法得到的满足，让身心俱疲的现代都市人能够在充分地放松过后再精力充沛地重返生活。

S宅別墅　月心庄庭园　2006【延段】【注9】

如此这般，我总会在设计之前先用心地清楚思考造访一座空间的访客心境，猜想访客对那座空间的期许，然后才是如何打造空间，营造那样的氛围。

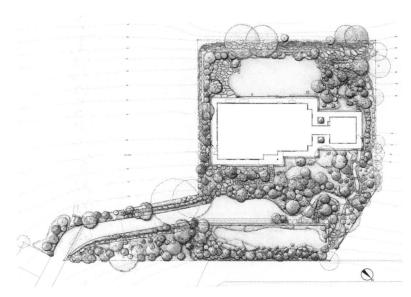

S 宅别墅　月心庄庭园　2006【平面图】

S 宅别墅　月心庄庭园　2006【枯泷石组】

寻找场地的【缘】

有一些预计建造庭园的用地中，有的会有几块石头突兀冒出，或者泉水从正中央涌出；有的从建筑物眺望屋外时，目及之处空旷开阔，可直眺远山；又有些可以欣赏美不胜收的夕阳和黎明……

用地的环境各具特点，我在设计时总是尽最大可能发挥土地的优势。

因此，我总是试图从用地中寻找【切入口】。

用地内一定潜藏着能够带来灵感的【切入口】，决不能忽视这些切入口，因为它们恰恰掌握着整个空间的关键，也就是用地的脉搏。

我总是用心留意寻找、把握这个切入口。然后，在脑中盘算如何使心灵与精神这两方面同时融入设计构思中，以及解决用地存在问题的方法等。这才是真正的心灵生态学。

想要从那间房间展示庭园；为了从这个位置更好地欣赏庭园，要尽可能避免从这间房间展示庭园；或是房间的顶棚必须挑高，才能联结屋内外的设计；或是这间房间只想引入光线，所以采用地窗，只展现下方的景色；再或者既然已有大树，就设法因地制宜展现树缝间显露的景色。

这些不受任何规制局限的自由构思，都来自于掌握用地给予的切入口。

【佛性】先于【自我】

当建筑物正面有斜坡地时，依照西方的设计观点，通常会先平整用地。

而对我来说，这片向前倾斜的土地反而是用地最大的特征，它能够让无限宽广开阔的景色尽收眼底。我会倾向于在设计中保留用地倾斜向下的特征。

因为地面的倾斜下沉，是千百万年大地运动的见证。

假设现在需要设计的用地内有一块巨石。

如果抱有【这块石头真是碍眼，必须在建筑计划中设法去除】的想法，那么设计中其实已经掺杂了【私心】。

我们应该摒弃这样的【私心】，而去倾听【对方的心声】。

无论是斜坡或巨石，世间万物都有着自己的【心】。

在禅学自成一统之前，日本就有【山川草木悉皆成佛】的说法。山川草木皆有心，这便是佛教所言的【佛性】。

【佛性】又言【佛心】，亦曰【真如】。

人生来具有清净的【佛性】。山川等森罗万象皆有这种佛性。领悟【佛性】，就是禅中修行的目的。

人心容易受到执着、烦恼、妄想等的迷惑，于是【佛性】被埋藏到内心深处，隐而不见。禅便教化人通过自我修行促使隐藏的佛性再次觉醒。

所以，在第一次到访用地时，观察【大地之心】至关重要，因为这一过程其实也就是发觉【大地的佛性】。

若能以这样的心态来观察用地，就不会产生想要【搬开】碍眼石头的想法，也不会有想要【平整】用地的想法，转而会想着【如何设法发挥用地的特征与优势】。

如此一来，思考方向的主轴便会是如何发挥石头的优势，而设计考量也将从石头出发，以石头为主角。

寒川神社神岳山神苑整备（二期）【神苑】2009【八气之泉与州滨】

【佛】的三种意义

前文叙述了必须保留并发挥庭园原有的【佛性】。

提到【佛】，如果只解释为【佛陀】，容易造成理解上的混乱，因为【佛】一字还有其他意义。

我们一般说的【佛】主要有三种意义。

第一种意义，是在禅的解释中，【佛】具有事物【真理】与【道理】之意。

因此，【遇佛】或【理佛】，就意味着自己领悟并获得事物永恒的【真理】。

第二种意义是【释迦牟尼】、即如来之意。

释迦牟尼领悟到了万物真理，并将这份领悟所得与众生分享，创立了佛教。他是历史上真实存在的人物。

第三种意义则是指往生的亡者。

人活着时，总是无法舍去执着心等意念，这是人的业障。然而，当人生旅途结束时，【涅槃寂静】，心清镜明。这种状态等同于领悟万物真理的境界，所以亦称之为【佛】。

一般来说，释迦牟尼也好亡者也罢，都领悟万物真理，所以都是【佛】。

在设计庭园时，需要谨慎思考如何具体呈现佛的精髓，并让人们能够从其中获取【浩瀚宇宙的真理】。

寒川神社神岳山神苑整備（一期）【神岳山】2007【八角泉意象素描】

让心发生变化

寒川神社神岳山神苑整备（二期）【神苑】2009【苑路】

我总会设法在庭园中添加一些巧思，让访客的心情能够伴随环境的变化而自然转换。

人们每日都被繁忙的工作、家事、育儿等等琐事所烦扰，庭园首先应该让身心【脱离俗世】，成为生活日常的切换点。

例如，在设计【OPUS 有栖川花园洋房】这座大厦的室外空间，以及门厅周边的室内空间时，从入口到门厅之间的空间，我刻意预留出一段距离。这是为了让访客有充分的时间切换心情，准备好远离街市的喧嚣。

规模较大的寺庙通常会设有三座门，神社也会设三座鸟居，联结这些门和鸟居的参拜道路都是为给人们切换内心状态提供时间与距离。

除此之外，我在庭园中也会加入一些巧思，给游览其中的人带去内心的感动、转换印象与心情。空间时而开阔时而狭窄，伴随着人们漫步行走，景色亦会展现出不一样的面貌。

例如，在池子上架设土桥时，上桥之前见到的庭园景色，以及随着过桥而逐渐高升的视线中所呈现的庭园，我一定会加入变化。在逐渐渡桥的过程中，满园景色豁然开朗，美景尽收眼底。我精心设计让漫步其中的访客能够留神到这些美的变化，为这些美而屏息、而轻叹着【喔！真是漂亮】。比如说，试着改变柱子的方向，或是移动整体位置、提升高度，甚至为了呈现曲度而增加梯级等，不惜百般尝试。

除了桥之外，人在隧道一样突如其来的狭窄封闭黑暗空间内走动时，集中力也会提高。然后，当下一瞬间，广阔无限的景色出现眼前，内心豁然了悟，获得清静。

当然，在封闭空间里也能感受清静，但那是有别于走出封闭空间之后的舒爽感。这种变化对人来说很重要。

要如何在一片用地内分配这些心情变化转折点和变化次数等，都是我设计时考量的重点。

漫步于庭园中，通过这种循环反复的体验，人们能够逐渐获得清静，自然而然地感觉此前所怀抱的困惑和烦忧根本微不足道。人们处于这样舒适的空间内，体验这些变化，便能忘却忧虑，认识到自己能够生活在这片自然中，其实是无上的恩惠。

我希望造访庭园的访客，内心得以体验这样无数变化，进而释放内心。

不彰显自我

前文叙述了在用地整体空间中设置让内心变化的转折点和巧思。其实在细节部分，我也会加入巧思。

其中一例是灯笼。

当我在设计灯笼时，会先向石造艺术方面的专家西村金造与大造父子请教。这对父子有数十年专业经验，提及灯笼制作可以说无人能出其右；然后还会请教为我设计的庭园进行施工的植藤造园师傅佐野晋一。在与个中第一高手的讨论过后，我才开始着手制作原创灯笼。

首先，以我的设计为平台，请众人发表意见。其次，用毛笔沾墨，描绘足足有地板至天花板高度的原寸大小灯笼。

再次，根据图面加工。在整合大家的各样意见后，对整体平衡感进行调整，形体是否应该更为浑圆或是圆融，或者更加粗厚等等，逐渐调整至理想状态。

这时要注意的是如何柔和【刻意呆板】的印象。因为刻意的话会显得很突兀，存在感过强。

若灯笼过于强调自我，则会让造访庭园的人们心情受到刻意的影响。为了让内心自然变化，灯笼要如原已存在般融入庭园。

到了设置灯笼的最后阶段，全员再度集合。在众人的确认下，最后调整石灯笼。即使只是调整十分细微，都能使整体线条更为柔和。这项步骤在全员面前进行，以凿子和榔头来操作。

不仅是灯笼，手水钵或石长椅等也是同样的道理。如果一味地强调【这里是特别设计过的】、【这里还蕴含着这样的设计呢】，那么他们都将沦为无趣的装置。

所以即便是打造长石凳，我也会收集天然石，通过将他们排列组合，来呈现保留石头自然线条的石凳。

不过度彰显自我的存在。

日本庭园的每一项构成要素都不能彰显自我的存在是很重要的。

寒川神社神岳山神苑整备（一期）
【神岳山】2007【灯笼创作意象素描】

寒川神社神岳山神苑整备（二期）

【神苑】2009【茶屋及和乐亭入口附近的伽蓝石蹲踞和灯笼，皆西村金造作】【注10】

港湾曲町饭店庭园

【青山绿水之庭】1998【西村金造作　柚木形灯笼】

寒川神社神岳山神苑整备（二期）

【神苑】2009【土桥，以及西村金造和大造作寒川型八角灯笼】

翠风庄【无心庭】2001【西村金造作 石灯笼】

阅读场域

【阅读地心】，意指设计过程是经过与周遭的讨论。

这里所说的周遭，并非仅指参与设计施工的工作人员，还包括那片土地的地形、树木环境，以及所有的石头、日光、阴影等等因素。必须仔细观察这些景象，然后一一进行解读与对话。

日本的空间价值观和审美意识虽然自成一统，但是否采纳，还需要在观察周边环境的基础上，判断是否应该增添现代氛围，或是需要设计为传统形式。

阅读地心，自然而然可以了解访客层、来访时间、造访心境等，进而汇整出主题。

举例来说，涩谷东急蓝塔饭店中的日本庭园位处涩谷，且饭店是钢筋混凝土风格的高层建筑，设计成传统的雅致风格实在是过于生硬。于是，我在融入一部分日本的独特美感的同时，整体采取日本现代设计风格。

我为这座日本庭园取名为【闲坐庭】，其名取自禅语【闲坐听松风】，意即【静闻松风鸣，心躁则不闻，心静则耳清，自闻松风响。】

这座饭店坐落在繁华的都市区涩谷，身处其中的现代人很难静下心来倾听自然的声音。也正因如此，在这喧嚣都市中，人们需要面对与感受自然、需要在静寂当中沉思的时间，我试图依托打造这样一座庭园艺术空间来满足人们的这种需求。

我让石头拥有如水一般的意象，形成一波又一波、后浪推前浪的波纹，直达大堂休息区和咖啡休息区，将室外设计和重要元素与室内融为一体。

这些石头形成的曲线以同种类石头堆积，但靠近涩谷车站侧刻意选择人工加工的石头，堆砌成都会风格。靠近住宅街侧是特

东急蓝塔饭店日本庭园【闲坐庭】2001【花水钵与周边的室内设计】

东急蓝塔饭店日本庭园【闲坐庭】2001【闲坐庭】

意选用天然石，展现天然石特有的粗犷感。

像这样通过运用特性相异的石材，来呈现涩谷车站与住宅街侧的不同环境，可形成心情上的波澜。运用石头的对比，表现【意识差异】，在这座庭园中，呈现出从工作中解放、切换到各自生活的心情。

此外，饭店内部的休息区中原本计划使用某著名品牌的水晶吊灯。

然而，我提出如果采用该款照明的话，将让人分不清置身何处，不知自己身在伦敦、巴黎还是纽约。如此一来，很难让房客心中留下映像，记得【那间饭店真是舒适美观】。我还提出如果所呈现的空间不是日本独有的，所提供的服务也不是当地独有的话，是很难吸引来客再度入住的。

最后，除了庭园部分以外，我还承揽了从室内的前台、大堂和咖啡厅的室内设计。

在大堂巨窗的上半部，我采用了布幕处理。这是效仿了日本传统的【雪见障子】（赏雪拉窗）[注11]的意象，虽然并非完全是拉窗，但从室内向外眺望时，仅能从大窗下半部的观赏窗外的景色。

【空】的空间

在日本，建筑物里的屏风、挂轴、调度品的桌子、食器、人们身着的和服等都会随着季节更迭而更换。

例如，六月多使用菖蒲图案。对日本人来说室内皆满载当季风情就是最奢华的享受。

宴客的食材，也以当季时令为最佳选择。若将菜色分为十等分，比较理想的是其中七至八等分使用当季食材；而后使用一至一点五等分【意犹未尽】的过季食材；最后使用一至一点五等分【抢先尝鲜】的下一季食材。这也是料理装饰会同时摆上枫叶与鲜花的原因。以当下最盛极一时的事物为中心，然后送往迎来，让宾客感受到这些【变迁】、【时间的流逝】、【时间的变化】，才是最高飨宴。

建筑亦是同理。那么，如何将当季风情、这一瞬间、此时此刻等元素体现在空间之中呢？

事实上，日本建筑空间本就会随着季节而变化，并能对应多样的场合，所以绝不会出现过度花哨的设计。

这便是【空的空间】。

空的空间中，只要少许调整室内摆放的物件，便能应对各种不同的季节变化。

而欧洲是在装饰部分或顶棚上描绘湿壁画，摆设琳琅满目的雕刻和巨幅画作。西方反而不偏好变化，他们试图通过这样的做法固守住那份美感。因此，对于已经固定摆设的事物，绝不撤除。关于美的看法，东西迥异也可由此得知。

因为无法留住，所以才美

了解【空】的空间，对深植日本的想法【变化才是美】、【变化方具价值】等思想也就不难理解了。

世事无恒常。万事万物难免腐朽、衰老、枯萎。日本人却从中发现了美。

日本的审美意识和价值观的核心便在于这个【无常】。

在【无法保留】、【无法固定】的美当中，有着令人感动的心。

相反地，欧洲的观念是希望美永保初衷，永恒留驻，永不流逝。

所以，欧洲建筑不像日本一般采用木材作为主要材料。欧洲建筑不好木造，一定得是石造建筑，否则无法稳固。

欧洲其他艺术领域也有相同观点。例如绘画时使用比较不易变质劣化的油画颜料；雕刻也必须保持原貌传世。总之，这些领域中的美在于永恒，因而完美无缺。

那么，日本人为什么认为越有变化，越具价值呢？

因为日本人了解，变化才是世间真理。

【即使全力挽留，却总事与愿违】，这是万事根本的道理。没有一种美，能堪比这样绝不停留、不断变迁，符合自然道理的美。

举例来说，造访欧洲的教堂时，会看到里面摆放着棺柩。棺柩上方饰有身披铠甲的人物雕像。人们通过这样的方式在死后仍留下自己的形貌。这样的想法与他们对美的认知一样，总是设法保留。

这就是所谓的自我。

但在日本，死后化为尘土，回归自然，认为只要逝者的想法与精神能传承后世即可。这才是生命真正的延续。

设计庭园时，我的着眼点不同于欧洲对美的观点，而是在变化之美，无常之美。

花开花谢，为美。树木枯朽凋零，为美。这些从不驻留之处，才是最美。

如果缺少了这种审美意识，无法表现出日式的美感。

所以，在最初的庭园设计中，我就会将季节变换、树木入冬枯萎落叶等一年四季的变化都纳入考量。

例如，在枫树后方规划一面白墙。新叶发芽时阳光的映射，可以想象到白墙将染上一片嫩绿。

时序入秋，白墙刷染上淡红。在不断变化的无常之中，表现出当下每一瞬间的美。

而我们也活在这从不停留的每一瞬间。

【变化才是真理】。正因为从不停留，所以人们才希望通过设计来捕捉每一瞬间的美丽。这也是我做设计时谨记于心的观点。

翠风庄【无心庭】2001【从穿廊眺望苔庭景象】

共生设计

无论哪种设计，最后都会回归于自然，仿佛原本即是自然的一分子般，绝不会将锋芒盖过自然。我总是时刻谨记着自然与人类的和平共处的重要性，并试图尽自己的一份力。因为这是日本建筑、日本庭园空间与自然的存在之道。

现在人们常说【与自然共生】，【共生】其实源于佛教用语，意为【自然与人类地位平等，相互合作，相互创造互生的环境，并共同守护环境。】

所以，日本人认为是自然与人类地位平等，无尊卑之分。因此，庭园与建筑在设计上也无主从关系，人类所居住的建筑也好，植物所生存的庭园也好，都必须对等地用心打造。

与以佛教为根基的这种日本文化所不同的是，欧洲的许多观点基本上源自基督教。

在欧洲，人与自然有阶层之别。

基督教观点中，最上位是神，其次是神创造的人类，然后才是支持人类的自然。因为自然支持着人类，所以人类认为可以依据自己的需求，任意改变自然。这个观点与日本在根本上大异其趣。

于是，人类与自然之间，必然产生主从关系。森林可以随着人类的需求砍伐，改制成人工物品。在这些行为当中，丝毫没有发挥自然优势的想法。

借由欧洲与日本的农业发展方式，也可了解两者的不同。欧洲是大规模农业，大面积翻土，砌建挡土墙，驱动机器耕出广大麦田。因此，欧洲土木技术十分发达。

与此相对，日本则认为，如此对待自然是一种冒犯，所以尽量保留原始地形，慢慢改造为稻田或农地。

出于打造与人类共存的农田的想法，梯田应运而生。

这种对待自然的根本观念差异，也影响到日后的都市灾害。

举例来说，日本的梯田遭逢暴雨时会四处渗水，使得许多地方局部毁损。可是，那绝非不可逆或者大规模的损坏，只需稍事修理就能恢复原状。

然而，欧洲遇到暴雨时，保护农地的挡土墙会支撑到最后，等到再也撑不住了，就兵败如山倒般——倒塌，造成极大规模的灾害。同样的情形也出现于建筑、都市建设和庭园。

以人类的技术或力量来征服自然，通过设计来令自然臣服，即使能够感动人心，想必也不会长久。

人类必须与自然和平共处，强行改变自然只能是后患无穷。孕育出如此观点的日本农业，以及这种传递继承如此精神的日式建筑和庭园，想必在不久的未来就会为世界上更多的人所追捧。

翠风庄【无心庭】2001【意象素描】

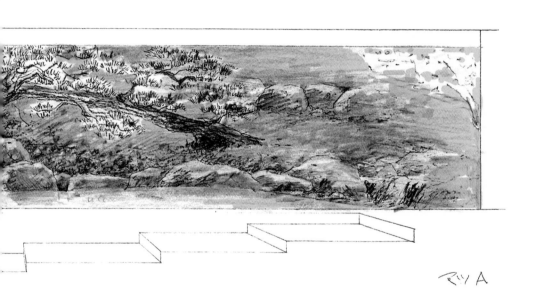

外与内的联结

日本建筑中，庭园空间在屋檐的联结下毫无阻隔地联系室内。外部与内部是否一气呵成便是我们最为关注的。

日本人的审美意识和价值观中认为，自然常存于左右。于是，日本人热衷于将自然引到建筑物内部来，在生活中融入自然，享受自然。庭园与室内空间的中间，设有穿廊（日文称为广缘或落侧等的部分），而屋檐下也属于这个中间部分。穿廊内侧是房间，但房间并无墙壁，只有建具[注12]间隔，几乎是完全开放的。这也表明了日本的建筑物与庭园之间完全没有主从关系。

然而，现今为了室内空调等考量，建筑物外墙多加盖玻璃，或者直接筑墙。如此一来，日本建筑开始成为像欧洲建筑一样，外是外，内是内，结构体横亘于空间之间，自然与人类遭阻隔而分离。

为了消除这种阻隔，我在思索设计时，常设法让内外融为一体。我希望现代也能活用日本建筑精神的初衷，将外部空间的设计与构成要素，融入内部空间的设计中，设法一体化。

当然，这并不代表我排斥使用玻璃，对我来说它只是配置空调等设备时的权宜手段，仅此而已。

在【OPUS 有栖川花园洋房】设计案中，一楼的室内设计也是由我来规划的。通往庭园的路径顺着墙壁，延伸到屋檐下。石墙从室外到室内绵延交错于建筑物之间，串连室内与室外。我将进入室内后直面的墙面设计成迎宾的床之间[注13]，在那里选用了同样的石头做设计。墙面使用涂有柿涩[注14]的和纸与涂料进行装饰。

此外，从大厅到车道，室外的铺装材料与室内装潢的地板材料，都是使用同一石材，玻璃夹用在正中央，室内外的空间连成一体。不过如此一来，室内室外的高度协调也带来了一个问题，便是从室外走进室内的人很容易直接一头撞上玻璃，所以为了安全，玻璃内侧加装不锈钢制垂帘。

室外的中庭设计一直延伸到电梯大厅等室内装潢为止，内外空间被完全一体化。

石墙和植物等用于室内装潢的物品，也均出自我的设计，以试图打造出流动联结至室内的动线。

OPUS 有栖川花园洋房【清风道行之庭】2004【以石来描绘呈现水或人心的曲线】

OPUS 有栖川花园洋房【清风道行之庭】2004【从大厅望向车道景象】

融合场域的历史与风俗

　　通过了解场地，思考访客之心情后，我们才能进行设计。为了场所原本具备的能量，我们会事先彻底调查那块土地所具有的历史背景和地理风俗。特别是在进行海外设计项目时，保留当地文化的同时，考虑如何适当地融入日本元素。

　　之前，我曾经参与过拉脱维亚国立纪念公园项目的竞赛。这个地区住着雅利安人，这个民族原本居住在横跨印度北部、伊朗、土耳其至东欧的地区。

　　雅利安人的信仰是自然崇拜，认为祖先藏身在火中，并将树木或山等神化。这种思维与远古日本信仰相似，所以日本文化可能相对容易被接受。我在设计方案中，着重于这项共同点。

　　拉脱维亚现已是独立国家，但作为曾经的苏联统治地区，历史刻下了悲伤与苦痛。总共六十六万人当年被强制遣送到集中营。这次竞赛项目的主旨就是为了建造抚慰人心的纪念公园。

　　拉脱维亚仍作为苏联（现俄罗斯）一部分时，为纪念国民遭苏联无情迫害，建造纪念公园，恐怕将导致严重骚乱。直到拉脱维亚独立之后，政府才决定建造纪念公园。

　　这段被强制送到集中营的悲痛历史，该如何传达？仍在世的家属、孩童、伴侣等的想法又应该如何面对并告诉后人呢？

这些牺牲者的伴侣多半年事已高，或是已经辞世，但他们还有后代子孙。每个人都有祖先。正因为这些不幸牺牲者的存在，才有今日，才能开创更光明的【未来】。这些该如何融入与设计，我开始思考。

拉脱维亚资料【Grayish Sunset】象征牺牲者的山丘，传达构成山丘的石头大小的意象素描【见89页插图】。

按照计划，该公园将坐落于由筑坝形成的人工湖中的浮岛上，对岸是森林。白天能够清楚的观看到森林，到了黄昏，落日于森林后方，森林呈现出一片漆黑，之后则是夕阳嫣红，宛如仙境。

因此，我将【未来】设定成夕阳染红的天空，访客将面向湖水参拜。我希望打造一个特别的祈祷空间。

首先，我在岛上规划环绕的空间。挖渠引水，在内侧筑墙。这面墙由家属带来的石头制作而成，我们希望家属【有几位牺牲的祖先，就请带来几块石头】。

石头永远不会消失。通过收集代表牺牲者的石头来凝聚众人的心便是我本次设计的核心。

拉脱维亚是音乐盛行的国家。《百万朵玫瑰》（A Million Roses）【注15】这首歌即源于此。脱离苏联成为独立国家时，全国国民也一起携手唱过这首歌曲。

我在祈祷区营造众人歌唱的区域。墙与墙之间，设置草坪广场，这里将成为拉脱维亚人民的骄傲，通过在这里相互交流，携手迈向未来。草坪广场正中央置石，供奉鲜花，远望对岸的夕阳，祈祷。

我表达了自己的设计理念，最后从两百零三件竞稿中脱颖而出。

由于拉脱维亚的建设资金不足，目前进度是一边寻求国民的协助，一边逐步实现这项计划。例如种树时，有童子军出力协助，或是举办活动，通过电视邀请【请带着石头前来】。

人民齐心，从零开始打造一个能凝聚全国人民之心的地方。这也是日本自古即有的设计方式。

由于延续了当地土壤的历史文化，同时还融合了日本思想，竞稿成功被接受。

拉脱维亚资料【魂之庭】意象素描·广场（追悼场域）

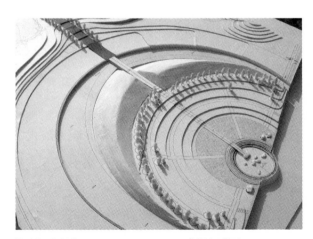

拉脱维亚资料【Memorial Garden theatre】检讨用模型

空间美育

想要在自家住宅打造庭园，享受着与家人团聚的时光的话，令人正襟危坐的庭园肯定令人觉得疲累不堪而不合时宜。庭园既不能让人心情过于紧绷，也不能大而无当。

接受这类住宅庭园的设计委托时，我思考的重点是，望着这座庭园成长的孩子，如何随着庭园长大成人。

我认为空间能够培育人格。

如果每天看着庭园，心中只有嫌恶感，只有不悦感，这个孩子恐怕会成长为攻击型人物。明明置身自己家中的庭园，却无法放松心情，只能紧绷以对，应该会变成十分焦躁不安的人吧。

相反地，觉得疲累之际，不经意间望向庭园就能放空心情，在这种环境成长的孩子，将来应该会成为敦厚温和的人。

我总是思考应该如何培育人。

然后，考虑如何将这个观点体现于庭园设计。

教育培养儿童，并非注重形式，重点在于精神层面。男女大不同，性别的差异也会影响成长变化，还有一家之主的思想、夫妻的兴趣等价值观，都会影响成长过程。所以，我会深入了解每个家庭的价值观，展望生活在屋内的家族图景，再着手设计庭园。

影子展现出比实物更多的美

自古以来，相对于实际物品，日本更偏好物体所投射的影子，或是倒映于水面的景色。虽为幻影，却比实际物体更加唯美动人。

例如，树枝随风摇曳，悠悠晃晃的树影洒落在树下的青苔上，展现出瞬息万变、片刻不留的美感，总是令人由衷赞叹。

除此之外，倒映水面的月影，只能望之兴叹，永远无法捞起入怀。即使能够双手捧起倒映水面的月影，也无法掌握于手中。

月是真实而无虚的。

因此，禅常以月亮比喻【悟】，云则喻为隐藏内心的执着、自我、妄想。此外还有许多关于影子的禅语。

倒映水面的月影，随风摆动的树影，随着时间而变化，无一不是瞬间即逝、独一无二的美。即使想要存留，但都无法掌握、无法保留。

为了展现无法掌握和保留、倒映水影的荡漾之美，我尝试素材的各种配置排列，计算太阳投影的角度、光线落足之处等，不断与庭园中的素材对话。

现代人是否注意到影子的美，或是倒映水面的景色之美？如果从未注意到，或者甚至从未发现其中的美，这是因为自己未曾拓宽本身的视野，所以不曾看见。

OPUS 有栖川花园洋房【清风道行之庭】2004【从大厅落地窗所见的石庭】

了解场域的优缺点

港湾曲町饭店庭园【青山绿水之庭】1998【镇守在池塘内的景石郡与瀑布】中的景石群

每处用地各有优缺点。

设计庭园时，我力求扬善隐恶，扬长避短。

例如，现代都市空间中的庭园多半做得非常狭窄，而且大半是人工绿地或地盘，墙外便是车来人往的大马路，几乎难寻令人内心颤动、感动满怀的自然之所。

我曾经为东京都内的港湾曲町饭店（原曲町会馆）设计庭园。用地与相邻大楼仅间隔五米，附近是干道，车声嘈杂。庭园预定设计在一楼一处，以及四楼两处，总计三处，是相当局限的人工空间。

这项设施是供旅行住宿和婚宴场所之用，所以必须设法感动访客。即使这项设施位于繁忙的都市空间中，仍能让访客度过充实愉悦的时间。

如此狭窄局限的场所，优点在哪里呢？我将以往累积的修行，运用在这座有限的空间中，慎重寻找现场具备的优点。

我发现夕阳余晖从相邻大楼之间的墙间泼洒进来。该处被大楼环绕，一般不见天日，只有那一瞬间，光线投射入室。这就是这个地方最大优点。我决定运用那光线来进行设计。

于是，我将放置于池塘中的石头进行用途区分，分为倒映影子的石头，以及光线照射的石头。

这个场所有两项缺点。一项在经过我的处理之后，能够获得改善解决。

另一项则是障碍。我对这项缺点无计可施。用地正前方就是大马路，车辆熙熙攘攘，只能望路兴叹。

可是，我可以改善这项障碍缺点。例如，用地旁边有碍眼的电线杆，只要在电线杆前面种棵大树就能遮挡。

港湾曲町饭店用地有都会空间狭隘的压迫感，透过向右上飞扬风格的设计，可以缓和这种压迫感。至于附近的干道噪音，运用水在墙上的流动，以水声掩盖。而突出于建筑表面的停车场排气风管，在其之上设计瀑布（泷）作为遮掩。

我的构思始于分析用地和环境，从各种角度解读，撷取优缺点，发扬优点，拾遗补阙。然后，我才会决定设计的方向，着手进行。

前往现场，脑中才会浮现各种想法。所以我会暂时待在那个场域，激发灵感。熟悉那个地方之后，有时甚至不必等待日落，也能解读推测余晖投影落在何处；但无论如何，耐心了解那片土地才是最重要的。

用地有着形形色色的表情。例如【风】，有些地方总是阵阵轻风吹拂，有些地方又不见一丝风吹草动。绿意盎然之处，总能聆听鸟啼；河川流经之处，总能听见潺潺水声。

只要平心静气，就能发现场所的优点，还能听见从未留意的【声音】。

别只想着河流声音太小，所以听不见，或是曼妙鸟啼就在耳边，却充耳不闻。请将身心调整为一块海绵般，让自然的一切畅行无碍地进入体内。发掘空间场所的特征时，这是必要的步骤。

港湾曲町饭店庭园【青山绿水之庭】1998【青山绿水之庭】

建立现场的人际关系

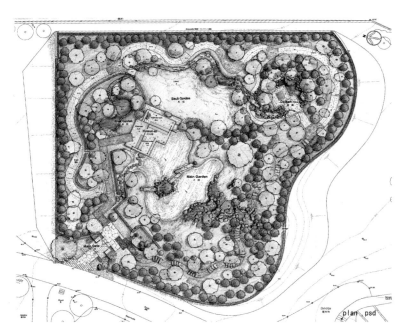

柏林　日本庭园【融水苑】2003【平面图】

打造庭园，最后其实仰赖的是工程执行人员的【人性】。二十多年来，我与相同成员组成一个团队，建立完美的人际关系，共同打造庭园至今。

他们深切明了打造庭园的重点——石心、树心，又具有深厚的日本美术造诣，几百年来在京都肩负起打造庭园这项日本文化重责。他们就是京都山越的植藤造园第十六代当家佐野藤右卫门与晋一父子。

父子两人的一流技术自不待言。举例来说，当我指出【能不能凭感觉稍微移动一下】之类关于石头位置和角度的微妙调整，他们都能心领神会地移动几公分之别。他们的头脑里有着各种应变方法，熟知在配置石头时，针对哪种石头，应该使用哪种工具，如何悬吊，如何调整，将获得哪种结果等。我们之间早已建立心意相通的默契。

可是，这层信赖关系形成之前，其实也经过许多历练。

在工程开始之前的说明会中，已参与过桂离宫、修学院离宫等诸多著名庭园作品的佐野藤右卫门师傅，提供照片给我参考，询问：【这里使用的树木，这种就可以了吗？】由于意象不同，所以我答道：【有点不一样呢。】然后画图说明道：【是这种树。】

他的双手交叉于胸前，自言自语，然后态度一转，对着儿子怒吼：【现在立刻去○○寺，给我仔细看清楚襖绘[注16]，然后找出同样的树木！】

原来佐野藤右卫门师傅对我半信半疑，只觉得【这个和尚真啰嗦，区区一个和尚竟敢插手设计庭园，我倒要瞧瞧是否真有这本事。】

后来，到了现场开始组合石头时，我提议【先从这块石开始吧。】他挑衅问道：【请问怎么做呢？】我答道：【在这里绑上钢绳，再以这里为顶点，一口气拉到那边。】我熟练地吊起石头，稍微调整方向之后，就摆设到预定的场所。第二块石头也摆设完成后，藤右卫门师傅才点头，似乎认可我【的确了解石组呀。】

不熟悉的人吊起石头后才开始左思右想，举棋不定，甚至最后指示【请整个翻转过来。】结果就是大费周章却徒劳无功。若是明了石头特性的话，尚未吊起石头之前，能事先预测应该如何吊起，如何才能达成预定的效果。

几天之后，工程即将完工，藤右卫门师傅表示希望与我谈谈。他对我说【我将儿子交给你，只要不会要他的命，天涯海角任使唤，请将他锻炼成材。】

现在，藤右卫门师傅的儿子佐野晋一成为植藤造园的社长，是我的重要工作伙伴之一。

柏林日本庭园【融水苑】2003【枯山水　中岛的石组】

演奏大自然之音

　　枝叶摆动，婆娑作响；飞鸟伫足花木，轻啼流转。

　　枝叶奏出清朗的乐音，鸟儿鸣唱美妙的歌声。然而，树木花鸟并非为了取悦我们而发出这些声响。人类自顾遐想【黄莺来得正是时候，为我献唱动听的歌曲】，其实鸟儿只是努力活在当下。这种专致一意的态度，感动人心，沉静人心，透化人心。

　　声音不是【为了发声而发出】，是为了感受【自己存在于大自然当中】而存在。

　　在繁忙的日常生活中，人们经常无心留意风的动向，常常错过舒适轻风的吹拂。例如，枫红细枝伸展，随风摆动树叶，婆娑声响，我们就能得知【自己正在享受着这阵轻风】。

　　所以，思考庭园中声音的存在方式时，我会设法让声音协助访客感受到自己存在于自然当中。那些不是人工制造的声音。为了创造出风吹树摇的声音，我会种植细枝树木，或是让水在墙上顺流而下，用水声来消除都会噪音。

　　这些【声音】，正是为了让人感受到自己存在于大自然之中。

【白】的意义

　　日本自古便特别重视【白】这个颜色。【白】在日本从古至今都有【清净】之意。

　　这种想法应该是来自神道。在神社中，神官身着白色服装。日本男性传统礼服的下裳、神道巫女穿着的和服袴裤有各种颜色，但上半身一定是白色，因为这是举行祭神仪式时的服装，具有【净身】之意。

　　即使是佛教，在日本，僧人也会先穿上白色和服，再穿僧服。僧人平常穿着有颜色的僧服，称为色衣（法衣）。在正式仪式时，僧服内一定穿着白色和服，表示净心与净身。

　　另一方面，净场时也是使用白色，例如白砂。

　　禅寺也一样，称为【方丈】的建筑物南侧铺上白砂，清净空间。进行住持交接的晋山式时，进入建筑物之前，必先通过南院，对新任住持而言，具有【净身】之意，所以铺上白砂。而且为了表示崭新、洁净，画出帚目，且无任何足迹。

　　反之，北院绿意盎然，象征自己处于深山幽谷之所。

　　【净场】观念应该是来自白雪皑皑的景色。降雪时，雪地在月光映照下，呈现一片荒凉苍白，再反射进入建筑之中，展现美轮美奂的光影。这种梦幻般的美，令人屏息，因而联想到【净场】。

任何人站在一片雪白原野上，都会油然而生【净身】之感，感觉所有事物焕然一新。只有白这种颜色能够赋予人们这样的感觉。

因此，日本特别重视【白】。

【借物】再度赋予生命

这项真知灼见在日本自古相传。对于不再使用、弃置一旁的古旧物品，考量不同的用法，重新赋予生命。

这就是【借物】。

【借物】的日文为【見立て】，原意是【不以物品原貌加以取决，而是重新视为其他物品】，源自于汉诗及和歌的技法用语。千利休对这个词的解释是【设法为不再使用的废弃物品重新注入新生命】，并曾将碗口破损的茶碗，改作花瓶之用。

禅庭也可以采用同样的思考方式。

我曾经为神奈川县寒川神社设计庭园，发现神社鸟居柱脚所使用的一组老旧础石。望着这组承接鸟居的础石，我左思右想，决定设计成手水钵。

现在，这组础石摆在石台上，设置于手水舍[注17]，在庭园中占有一席之地。这组础石原本无人问津，经过【借物】，获得了新生命。

再举个例子，大家熟悉的石臼在无法再捣磨后，其实能借物为石板路的飞石（步石）。

【旧的不去，新的不来】这种现代的生活习惯，或许从未想过为物品重新注入新生命。

物品的用途难道只有一种？是否有其他运用方式？

　　这种不拘泥于常规的借物观点，肯定能为设计或物品制作赋予崭新灵感，培养丰富的想象力。

第三章

与素材对话

石

禅的思考是【石是不会改变】，也就是【不变】。无论时代变迁，或是人类生活形态转变，世间真理永远不变。换言之，日本庭园中的石意指【不动】，最大表现特征就在于定位之后，不再改变。石真实展现佛性，不随时代变化而变化，与老旧腐朽这种时代改变的意象是不同的。

石的姿态外形，一旦定位之后，就固定不变。这种现象最适合表现世间不变的真理。

禅重视去繁化简、去芜存菁的美，称为简素之美。去芜存菁的结果，最后剩下石与白砂。

然而，若是庭院仅由石构成，空间会显得非常僵固。

再者，虽然在梅雨时节，石外观更显润泽光滑，但尽是石头的庭院则会乏味无趣。

空间增添绿意，可弥补景观的不足。不过，仅有石存在的庭园，毫无蒙混虚晃的余地，绝非只是轻松简单的排列组合而已。

思考数十种组合的方式

如今，作为建功寺住持的我居住的庭园，高中的时候，曾与工程人员一起修整。在庭园里，我与工人一起挖掘坑洞，一起搬动石头。

每到十点或下午三点，工匠们总得抽根烟稍事休息。在那段空档，我训练自己学习石头的排列组合。恩师齐藤胜雄先生曾指点我：【如果真心想要了解石头，在休息的时间里，试着想出三十种那些石头的排列组合方式。】

这项作业中的石头有十多个。我试着在脑中排列组合五个、六个石头。可是，试过几种方式之后，最初想到的组合方式已经忘得一干二净了。明明这么努力，却无法完成这项作业。提出这项作业给我的恩师笑嘻嘻地说道：【不容易吧。】

恩师提点我，无论如何，继续探索各种可能性，尝试各种组合方式，总有一天会像下棋一样，洞悉先机。

他还告诉我，这块石头这样组合，下一块石头那样组合；接着，这里必须排上一块石头，取得均衡……总之，必须在头脑中不断排列组合。如此一来，脑海中就能描绘出广泛的可能性，然后更会注意到每块石头在空间中最适合的存在方式。

我投注全部心力，拼命完成这项作业。

在现场之所以能够不加思索地便知道从哪里吊起石头，怎么一次性摆设完成，其原因就在于那个时候开始的扎实训练。

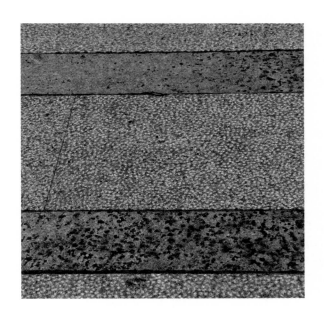

石的脸孔与丰富的表情

石头有【脸孔】，还有各自不同的【表情】。

我曾经有幸参演 NHK 的节目《课外教学 欢迎学长》（课外授业 ようこそ先辈）。节目内容是我为母校的小学生上两天课，课程是我的专业领域庭园。

在课堂上，我请班上的小学生使用天然的石头或素材，创作小的庭园盆景。然后提醒他们必须展现石头表情最丰富的【脸孔】。

要解读石头的表情，只有问石头本身，问问石头：【想要坐在哪儿】、【想要待在哪儿】。于是，小学生满脸困惑地找寻石头的脸孔，试着横放、转动等从各种角度摆弄石头，全神贯注地观察石头。

其实，每块石头都有【天】与【地】，【脸孔】与【后脑勺】。

【天】是天顶，指石头盘踞地面时的上方部分（天空侧）。天顶是深深影响石头品格的重要地方，设置石头时要先决定脸孔与天顶。【地】是指埋在地面的部分。

【脸孔】可以说是石头表情最丰富的部分。和人一样，所有石头都会将脸孔朝向人的方向。另外一侧就是【后脑勺】。

石头也有右撇子与左撇子之分。有些石头右侧很有力道；反之，有些石头左侧力道十足。

一块石头就能改变空间的表情，左右空间印象。

有时只是稍微移动石头的位置，空间就能呈现出沉稳或是不协调的气氛。甚至角度也可以改变空间的宽广感，变化出不同的个性。

观察石头的脸孔，阅读石头的表情，至关重要。

阅读石心，与石对话

　　无论是哪块石头，都与我有着不同的情缘。

　　然而，进入山中寻找石头时，石头却非摆出最漂亮的姿态，等待我的到来。因此，我总是小心翼翼地绕着石头所在，在属意的石头上留下记号。

　　这时对于将在设计上担任要角的石头，我会选定摆设场所，测量尺寸，并素描草图，留下记录。另外，还会在计划平面图标注编号，在图面上标示挑选的石头。

至于能够随意使用、无须指定的石头，则不会注记在图面上，只是编号、测量尺寸，一边素描画下草图，一边挑选。这时只能依据石头可见部分加以判断，不过通常不会出现太大的落差。

现场的石组，是组装庭园的骨架，进行时必须充分考量空间平衡。

例如摆设一块景石，摆设方式是立是卧，会让空间结构产生巨大差异。

这时必须充分了解石头摆设位置在空间结构上扮演的角色，决定或立或卧的摆设方式，因为这牵涉到摆设石头的选择。说穿了即使是一块景石的摆设，随着与周围的均衡取舍，也会微妙地改变摆设方式。

这种感觉只能意会，无法言传。

然而，我所参与设计的庭园，与现场工匠配合得天衣无缝，所有指示都简洁不繁。如何展示下一块石头的天顶与脸孔，摆设在哪个位置，指示过程如行云流水般顺畅无碍。所有工匠师傅都早已领略我的心思，这是能够阅读石心才得以达成的境界。

品格与智慧，象征其传说

　　在庭园当中要选用哪种石头，其中一项选择基准是【品格端正】。

　　石和人一样，品格不良者，无以为用。

　　例如立起石头使用时，尖锐的石头会呈现攻击性的印象，感觉像遭利箭射穿。这种石头就像是剑尖，称为剑尖石，品格不良，自古即摒弃不用。其他如缺损的石头，表示品格低劣，也不得使用。

　　石头的顶端称为天顶，如果那个部分是平坦的，就具有沉静之感，品格良好。

根据场所不同，有些适合山石，有些适合河石，意象或空间也随之不同。

　　举例来说，当庭园设计决定采用山石时，我的脑中就知道前往京都或岐阜，大致便能找到需要的石头。

　　现在，我都是与团队共同打造庭园，不过在团队尚未组建之前，我是亲自前往现场寻找。

　　当发现心生【想用这块！】的想法时，我会立刻在那块石头上面做记号，然后一个一个素描画下所有想用的石头。

　　留下记号也是为了表明请他人勿取走我梦寐以求的石头之意。然后，再请专家小心搬运到现场。

　　除了品格之外，京都还有【贤石】的说法。这是工地现场的术语。

　　所谓【贤】，是指用途广泛的万用石。

　　贤石或立或卧或伏，具有两种、甚至三种摆放方式，而且无论摆设方式为何，都不会抹杀石头的特色。

　　此外，还有役石。例如，在庭园中设置瀑布（泷），作为庭园结构的中心主角。瀑布会吸引诱导人的视线，必须具有不畏目光视线的架势。因此，在瀑布口两侧摆设的石头厚实又分量感十足。

　　以前将这种石头称为不动石（瀑添石），负责镇守。这类场所需要这种坐镇的石头，迎接关注欣赏的视线。

另外，禅庭的瀑布，还会在瀑布落下处的泷壶[注18]，摆设逆流而上鲤鱼姿态的鲤鱼石，称为【龙门瀑】。在禅庭中打造瀑布时，一定会摆设鲤鱼石。

禅言【三级浪高鱼化龙】，这是【鱼跃龙门】一词的由来，阐述修行的重要性，鼓励每日努力修行，终有悟道之时。

此外，也意味着每个人只要身旁有杰出的导师，人生康庄大道总有开启之时。

在禅庭中，以石来表现的生物只有鲤鱼，而且几乎不用其他生物。然而，在江户时期的庭园，有时会见到石组的鹤、龟，还有选用拟似睡狮或卧牛的石头。

绿

　　绿意是庭园空间中绝对不可或缺的，肩负着许多职责，其中主要有三项。

　　一是【柔和空间】。以人来比喻，石组就像是形成身体骨架之物，由于身体所穿着的服饰，给人的观感大相径庭。正装与休闲打扮，带来的印象大不相同。

　　同样地，增添庭园绿意的方式，深深影响庭园的品格和印象，绿意的存在，能够缓和柔化空间。不过，绿意无法像衣服一样，轻松换装。

　　二是【弥补缺点】。用地形状的缺点、石组的缺点等，要弥补各种各样的缺点，都可使用绿意来掩饰遮盖，方便好用。

　　三是【呈现季节感】。绿意最能够表现季节感，无物能出其右。初春绿芽的娇嫩，盛夏浓密绿叶的凉荫，秋叶枫红，寒冬枯木，这些都是无可取代的景色。能够带来四季更迭景象者，唯有绿意。

外务省总部中庭【三贵庭】2005【回廊与庭园】

了解树的状况，阅读树心

树木的千姿百态，各有作用。

例如，稳重、雅致的树木，适合作为主木（真木）。这种树木是当作庭园的视觉焦点，引导视线目光。

除了主木之外，还有用于平衡搭配的树木，称为配木。主木与配木，有时只各需一株，有时主木的另一侧还需要一株树木，称为备木。

根据种植的场所，决定相应树木的外形，但树木和石头一样，也有左右撇子之分。适合展现左侧的称为【左撇子】，相反地则是【右撇子】。

解读树木的状况与习惯，称为【阅读树心】。

设计日本庭园时，解读各种素材之心不可或缺。海外甚至日本的公共工程所使用的树木，判断准则多半是符合标准形状尺寸、笔直生长的树木。

可是，日本庭园在选择树木时，并非根据形状尺寸，而是重视树木的品格、状况和氛围。

换言之，必须观察【树心】是否符合设计。这点与一般的树木选择大异其趣。

树木和人一样，脾气越刚强，越不易掌控；不过，只需细细解读树心，即使脾气刚强，仍有独特有趣的使用方式。

也就是说，要诀在于与树木的对话沟通。

半吊子的设计师或作庭家是无法与树木对话的。

然而，对话其实是第一现场的趣味所在。

哪种场所，使用哪种树木，早已有迹可循。

举个例子，我曾经设计一座名为【翠风庄】的建筑与庭园，那是兼为企业招待所和研修设施的建筑物。不过很可惜的是，翠风庄已经易主；当初为了寻找种植到回转车道中央的树木，整整花了三天，寻遍茨城县、群马县、枥木县，以及埼玉县。

最后我终于寻得高十三米日本扁柏（丝柏）。这棵树的所有面相都具有相扑选手最高地位横纲的气势，前后左右都能正面示人。看到这株树木的瞬间，我立刻认定非它莫属。

树木和石头一样，也有所谓的缘分。花了三天，却遍寻不着适当的树木，正打算放弃时，竟然就遇见这棵树。时至今日，我还清楚记得当时的心情，那时阴霾全扫，神清气爽，一心期待今后的发展。

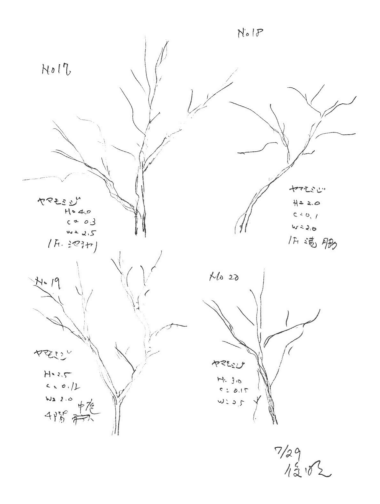

材料检查 树木 港湾曲町饭店 1998 设计时树木材料检查当天的素描

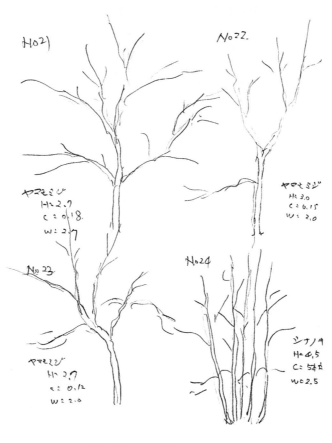

No21

No22

ヤマモミジ
H: 2.7
C: 0.18.
W: 2.7

ヤマモミジ
H: 3.0
C: 0.15
W: 2.0

No23

No24

ヤマモミジ
H: 2.7
C: 0.12
W: 2.0

シナノキ
H: 4.5
C: 5本立
W: 2.5

平成九年七月二十九日
麹町会館 信次

弯曲、折损……历尽艰辛的树木才美

树木分为人工栽培与自然生长两种。

和寻找石头一样，我也会上山找寻树木。不过，山里树木的树根并非随时可移植，所以无法立刻使用。

有些农地种植了许多从山上搬运下山的树木。这些树木不是从树苗开始种植，而是在山上寻得耐人寻味的树木，慢慢搬运下山，种植在农地上，然后才能够移植。我主要都是从这些树木当中进行挑选。

虽然我也会选择人工栽培的树木，但与自然生长的树木相比，美感毕竟全然不同。

人工栽培的树木，为了能够尽快换得现金，多会施洒大量肥料，只为长得快，长得粗，长得高。然而这样的树木不仅营养过剩，而且生长得过于平顺。

这样的树，显得乏味无趣。

然而，自然生长的山林树木，必须避开周围的林木，从缝隙间探寻吸收阳光，艰辛地自力生存。虽然成长缓慢，但借由这份辛劳才能成大器。

艰苦环境中成长的树木姿态，俊美而壮丽。

所以，我尽可能使用自然生长的树木。不过，这种树木的风格特殊，在庭园中不容易配置。树木会选择使用之人。技巧不纯熟的人掌控不易，但只要彻底了解树木的特殊习性，就能够安置在庭园中最适当的地点。

例如次页的红叶枫树，就是自然生长的树木。由于生长在崖边，这棵树横向伸展，若以人工栽培的观点，绝对会被直接打入冷宫。可是，这棵树在池塘水面上悠悠伸出，凸显了其最大的特征。

翠风庄【无心庭】2001【从一楼客房眺望景象】

【风】的穿透感表现

　　人工栽培的树木少见的特征，就是枝叶稀疏。我形容这类树木【清爽】、【爽朗】，这是工地现场的术语。风能够顺利吹过枝叶稀疏的树；也就是说，树木只是伫立着，就能表现出【风】。将这种特征展现得最显著的，就是山槭。

　　然而，在一般树木生产业者的农地上，不一定能够发现我心中理想的树木。所以我经常造访京都，或前往福岛县的深山寻找。这两个地区种植了许多从山上挖掘下山、形态漂亮的树木。

　　这些树木至少在农地养生三年以上，树根和外形姿态都逐渐习惯农地环境。但树形再好，若环境条件急剧变动，移动都会造成树木的压力，所以最理想的方式是先让树木在农地养生，等树木成型之后再正式使用。

　　这样的树木，只是微微轻风，枝叶就会摇摆生姿。

　　此外，这样的树木枝叶随风摇动时，可以隐约展露树木后方的景致。这使得观者【想要看看后方的景色】，更添空间的娴静雅致。

　　人工栽培的树木，吸收大量的肥料成长，树枝粗硬，不会随着风的吹动而摇摆。选用这类树木，即使风吹过庭，也感受不到任何风的气息。而且，这类树木还容易遭病虫侵害，不耐狂风吹摇。养尊处优的培育环境，使得树木抵抗力低弱。

寒川神社神岳山神苑整备（二期）

【神苑】2009【走出内门之后所见的八气之泉】

表现出空间的雅致、深邃

柏林日本庭园【融水苑】2003【意象素描】

树木能够增加空间的深邃感，营造出远近的感觉。

举例来说，从颜色和叶片大小的角度来考量。叶大的树木摆放前方，细小的树木则反之配置后方。如此一来，便呈现出远近感。

同样地，将浅色树木摆在前方，深色树木配置后方。这样也会产生远近感。

再者，叶片厚度也可作为考量要点。混合搭配叶片厚薄不同的树木，推算安排，增添变化。尤其是枝叶稀疏的树木，风吹摇动时能够隐约显露后方的景色。这种树木极其罕见，非常珍贵。

这种树植种在瀑布前方、灯笼前方，或是摆设在景观重点旁边，便会形成一种深邃幽玄的美感。

另一方面，种植在瀑布或灯笼后方的树木，适合选用浓绿叶色的常绿树。浓绿叶色能充分凸显前方的事物。

树干的美感，有时也是极为重要的元素。

若在眺望庭园的房间附近种植树干挺拔的树木，能够为景色构图增色不少。全景前方配置墨黑色树干，然后在远处借景，如此便能营造出十足的远近感，容易吸引目光。不过，要想达成这种效果，必须使用树干粗壮、分量感十足的树木。

水

　水从圆形容器移到方形容器时，不管容器形状为何，总能顺应各种不同形状的容器。这就是禅言【柔软心】，希望人也能拥有如水一般变幻自在、柔软的心。

　积水则成池。古来庭园便常造池。风时而拂过池面，掀起涟漪，禅喻为人的喜怒哀乐情感表现。可是，池底全然不惊。人心也与这样的池水一样，内心深处岿然不动。

　另一方面，水的流动，能成湍急激流，或为缓缓清流，抑或长江大河。山间清溪潺潺，反照着稀零树影，更显周围绿意凉爽宜人。心无旁骛、一迳流动的水，令人更能感受到佛心。

　此外，水面倒映出周围的景色、天空、夜月。映照在明镜般宁静水面上的情景，比实物更超凡脱俗，美不胜收。

　就像这样，水能够表现出人的【心】。水有时表示人的喜怒哀乐，有时表示无可撼动的真理，甚而表示佛心等等，与禅有着深切的关联。

寒川神社神岳山神苑整备（二期）【神苑】2009【串连上池与下池的三阶瀑】

落下，流动，清净

　　庭园积水倒映景色，为空间增添清爽宜人的空气感。此外，水还能拓展空间的开阔感。

　　水由上而下顺势流动的【声音】，清净人的心情。

　　水直落而下的方式，有倾流向下的【一泻千里式】，或是迂回顺势的【导流式】，或是分支细流的【涓涓丝流】等。形形色色的水流方式，深深影响景色的氛围。

　　水会【流动】。就像自然一样，庭园中有湍流，也或有潺溪。水流方式与宽幅、流动速度、水量有相对关系，所以我在设计时会仔细计算思考。当然，周围的水岸及水渊的设置方式也会随之不同。

　　水流湍急之处，冲激石头，流向改变；至于泥土部分，则会被水削蚀而流失。若是似有若无的涓涓细流，则可以采用土堆堤防。

　　我会根据这些效果，仔细计算，进行设计。

　　举例来说，德国柏林的【融水苑】水流设计，象征着德国的历史。在那段历史中，既有遭遇诸多磨难试炼的停滞时期，也有令人瞠目结舌、惊异不已的突飞猛进时期。我将这部过往的历史，以水流的形态来象征化。

　　我希望借由流水声和庭园，净化访客的心灵，所以沿着庭园路径设计瀑布和水流。

此外，在瀑布前方，我设置了供游园访客聆听水声、歇脚休憩的地方，那里还能同时一览开阔的庭园景色。

寒川神社神岳山神苑整备（一期）

【神岳山】2007【手水钵·搭配八气之泉，表示阴阳】

147

现代素材

建筑随着人的生活形态改变而变化。

反之亦然。从街旁耸立的高楼大厦等建筑，即可得知现代建筑的最大特征是使用玻璃、混凝土、钢骨、金属等作为基本素材。这些素材质感利落、雄伟，被广泛使用。

这类近代建筑清楚区隔内部与外部，设计配合现代人的生活形态，呈现利落、锐利、坚固、线条刚硬的意象。

战后，日本庭园无法赶上这种近代建筑的脚步。

日本庭园具有的美意识和价值观，与近代建筑的目标互不相融，即使同处一室，也是楚河汉界，各自表述。木造平房等日本木造建筑并不雄伟，却能与自然风化的石头、绿意盎然的美丽植物，以及建筑物的岁月变化达到均衡，而且相互之间毫不抵触，呈现开阔泰然的意象。这完全不同于现代高楼大厦的构思。

如何融合这些元素，引进现代的素材，是我在庭园设计工作起步之初所面临的课题。

H 宅庭园 德国斯图加特【不二庭】【矩形之庭】

花岗石的选择

　　思考与现代素材的融合时，使用能够融入现代建筑的花岗石，就可以因应搭配玻璃、混凝土、金属等素材。

　　在石的运用上，除了采用天然形成的表面，有时也会刻意使用切割表面等略做人工加工的部分，表现出自然的力量，以及少许人类的意志力，增加利落感。

　　我开始使用花岗石有以下几个理由。

　　首先，现代建筑物规模极大，室外空间使用的庭园材料也务须是相互辉映的尺寸。在以往使用的传统石材中难以寻觅，而在花岗石中大尺寸石材比较容易找到。

　　现代建筑的利落质感也与以往的苔藓石头格格不入。

　　在这一点上，花岗石所具有的石头性格，具备与现代建筑相符的利落感和清洁感。

　　其次，主要原因是，现代的建筑物结构素材与木造不同，变化缓慢，庭园中使用的石头也需随着建筑的特性，即使岁月变化也少有改变。

　　而我长期摸索【现代的枯山水】，终于发现在现代都市空间和建筑中，能以花岗石构成【现代的枯山水】。

　　于是，我陆续在艺术之湖高尔夫球俱乐部（Art Lake Golf

Club）、加拿大大使馆庭园、金属材料技术研究所中庭、东急蓝塔饭店庭园等现代建筑物中，使用花岗石来挑战打造【现代的枯山水】。

第四章

寻找极致之美

艺术与宗教的关系

在宗教发展之后，必有艺术诞生。

可是，在艺术发展之后，却不一定有宗教诞生。

这是为什么呢？

其中，当然有人在艺术当中碰到瓶颈，转向宗教发展。然而，那份执着心多半都在半途瓦解，偏离方向。

不过，彻底钻研宗教之后，会想要表现出自己领悟的心得、获取的真理，以及感谢的心情。前面曾经提及从会所发源的禅艺术，其由来正是如此。

所以，可以断言在宗教发展之后，必有艺术诞生。

除了禅艺术之外，湿壁画也是这样的例子，必须一直仰颈看着天花板作画，不仅颈部酸痛，颜料也会滴滴答答地滴落。彩绘玻璃的制作，同样是因为诚心祈求、心怀崇敬，才得以完成如此细致精美的作品。

欧洲的艺术，无论是绘画或雕刻，都是起源于宗教。这是全世界共通的现象。

建筑同理。无论是哥特式、仿罗马式（Romanesque）或日本的木造建筑，以及其他任何建筑形式，宗教建筑总是庄严宏伟，充满超越人类力量的氛围。这也是源自于虔诚敬畏之心。

若是计较得失，艺术无以诞生，因为其中存在着某种超越人类的力量。

【无常】的设计

瀑布素描　艺术之湖高尔夫球俱乐部（1991）设计时的素描

鸟儿的啼声，分分秒秒不同。

啼鸣的瞬间时刻，能够提振人心，感动人心。

那么，这个瞬间为什么如此重要呢？

因为，下一时刻的鸟啼，已非同一地、同一瞬间、同一鸟儿、同一啼声了。

日本茶道所阐述的一期一会，一生只一次相遇，意味着即使在相同场所，邀请相同宾客，献上相同的款待，相同的时间也早已流逝不复返了。

所以，没有恒常，只有流逝，消失。

这就是【无常】。

日本的观念认为【不会驻留】才是美。事物变化才是美。所以，设计【无常】是很重要的。

在庭园中，正是运用植物来表现创造这种无常观。日本是幸福的国家，拥有四季分明的季节变化。而植物非常适合表现这种时间的变化。

植物冬日枯萎，然后发芽，继而逐渐长出嫩叶，再渐渐厚实。到了酷夏，叶色转浓；入秋之后，渲染上秋色。观察这些变化，就能够了解自己是生活在这些变化之中。

缤纷绚烂盛开的樱花，只能够维持一周。可是，为了在一周内全力绽放，其他三百六十多天，约五十周时间，都在准备着。正因为有这段漫长的准备时间，才有花朵盛开的一周。感受这样的变化，从心领悟【无常】，是我进行设计时注意的重点。

【不完全】、【不均齐】，无限的可能性

《禅与美术》一书的作者久松真一将禅之美分为七类：【不均齐】、【简素】、【枯高】、【自然】、【幽玄】、【脱俗】、【静寂】。

平常进行设计时，必须经常面对用地所存有的难题。用地正对面可能是高楼大厦，或是车声嘈杂的高速道路，即使欲除之而后快也无计可施，只好转而思考【正因为有那个，所以应该如何进行才能更好呢？】。因为一味拘泥在这些难题上，只会徒令自己陷入束手无策的困境，永远无法解决。

这种转负为正的方式，以禅的说法，就是【没有所谓的完全】。

【完全】，表示已经结束。

正如禅的修行没有终点一样，事物已达完全即表示已经结束，再也没有超越的必要。

完全的美，缺乏创作者的精神。禅艺术追求的是【超越完全的不完全之美】。

这里所言的不完全，并非尚未达到完全境界之前的不完全，而是超越完全之后而达到的不完全。先破坏所谓完全，再超越它，达到不完全。

因为这座不完全的空间，人性与精神性才得以融入。由于有

棘手的难题，才能从不同角度审视，设法破坏，超越完全。因为存在这些难题，才能激起构思的迸发。

这是我向自己发起的挑战。

没有终点，方有作品的成立。创作永无止境，或许才是最佳态度。

【简素】，朴实单纯中的丰富

【简素】就是【不繁杂】。

当我们设计或创作时，总是涌上各种欲望，想要东试试，西试试，在一项物品中加入各式元素。

这也许是从事设计或创作的人不自觉涌现出的欲望。尤其是年轻时，创作欲望旺盛，总想要挑战各项事物。

然而，禅追求【高度朴实单纯的美】。

这是意指尽量撷取素材原本的优势。因此，必须具备看透素材拥有的表情和美感等特性的能力。

例如，无论石块从哪个角度来看，其外观都不会有所改变，但只要仔细观察，稍微换个角度，就会发现石头的表情其实十分生动有趣。这是石头的形状和模样所产生的微妙差异。要有不遗漏并运用这些微妙差异的能力。

应用这种能力，尽可能撷取并运用每一种素材的表情和生命力，然后组合构成空间时，还必须注意空间构成的美感均衡。

也就是说，必须将脑海中浮现的构想，不断去芜存菁，直到再也没有任何无谓之物。

添加容易，削减却需要勇气。没有长年的经验与自信，实非易事。

禅者从简素当中，发现真正的充实。

【枯高】，事物真髓之美

【枯高】就是【枯挺坚强】。

曾经美丽的事物，枯萎凋零了，却越发美丽。

就像在长期暴雨风雪的摧残下，只有一棵枯树艰辛忍耐、坚挺不屈，展现出难以言喻的顽强美，以及无须任何陪衬的存在感。

禅僧的著书中，有不少枯墨文字。那些字挺拔有力，展现着高雅不俗、令人玩味的个性。在枯竭的笔墨中，感受劲道，得见魄力。这就是【枯高】。

这便是禅僧所言，已经蜕去悟道恃骄的姿态。

庭园中最能够表现【枯高】的，莫过于【枯山水】。

创造枯山水，必须是不断修行，且具有真才实干的造园人。然而，现代常见虚有其表的枯山水，实在令人不忍目睹。

我一点一滴地累积修行，年岁渐长，作风也逐渐趋向对元素的减少，更为单纯化，更为象征化。最后，应该会凝练成仅存石与白砂的庭园。

虽然不知那天何时到来，但我确信它终将来临。

曹洞宗祇园寺紫云台【龙门庭】1999【枯泷石组】

【自然】，无心且有力

【自然】就是【不做作】。

庭园当然必须经过设计才能打造，但完成后的姿态，必须感受不到任何故意为之的想法，就像是原本就存在的自然。

换言之，必须让人错以为那是没有任何人为加工的自然，丝毫没有牵强和虚假。

因此，创作者的态度必须是无心且单纯的。

虽说无心，并非毫无设计，相反是具有踏实的基础设计，并牢记在脑海中。打造庭园而不受到设计的拘束，自然地打造庭园。这样的心态才能创造出【不做作】的庭园。

要展现这样的【自然】，对庭园的维护也是不可小觑的问题。无论打造庭园时如何【不做作】，后续的维护若呈现出【人为】痕迹，等于前功尽弃。

以山槭的维护为例。技术娴熟且修养深厚的京都庭园师傅在进行维护时，绝对不会【剪枝】。师傅的技巧高明到根本看不出丝毫整理过的痕迹，但是树木却能重现清爽整洁的氛围。师傅绝对不会破坏树木的本性。

可是，关东地区的庭园师傅不同，总是咔嚓咔嚓地大肆修枝，毫不考虑山槭的优点。这是真实现况，完全远离【自然】，令人感伤。

每当碰到这种问题时，着实让我伤透脑筋。因为这是完全无视设计或感觉的做法。从这一点即可理解，京都与关东的水准真是天差地别。

无论是打造庭园或完成后的维护，务须【不做作】。一边维护，一边让庭园顺其自然地发展，才是最重要的。

【幽玄】，想象看不见的事物

翠风庄【无心庭】2001【白云瀑】

【幽玄】就是【深藏内部的余韵】。

这是潜藏着提供无限想象的含蓄，抑或是想象看不见的事物。

就像能剧大家世阿弥所言，看到能乐表演者在能剧的舞台上遥望远方时，想象他究竟在望着多么遥远的他方，或是正在遥望哪种景色，这也是幽玄。

庭园结构当中，位居正中央的瀑布上，红叶细枝垂悬而下，只能隐约看到叶片后方的部分。

犹抱琵琶，就是幽玄。

换言之，留下可供想象的部分。

这是一种【不全部展现，隐身于后的典雅】。

一切尽现，所见即所得未免过于轻巧。但是像水墨画一样若影若现，留下想象的空间，就考验观者的能力了。

除了想要一窥究竟的好奇心之外，还会让人开始想象。这就是幽玄企图创造的美。

因为是想象，各人感受不同也无妨。重点在于无限拓展的想象。

庭园创造的重点并非肉眼能够立刻看见的部分，而是看不见的部分，旨在给观者留下于自己内心中描绘想象的空间。

【脱俗】，否定形式的自由境界

【脱俗】就是【不拘泥于事物】。

禅画展中，常见【寒山拾得】[注19]的画，两位僧人不拘泥世间事物，舒服安睡的姿态，令人不禁会心一笑。

寒山拾得的心情正是【脱俗】。

在造型方面，脱俗就是【否定形式而得的所有形式的自由】。

这听起来或许有些复杂难懂，其实指的就是舍弃俗世拘泥的美，随性画出自由奔放的形态，并以这种心境去掌握空间。

所谓的【脱俗】庭园空间定律并不存在。

不过，在以苔寺著称的西芳寺庭园，清晨踏入园内就能体会这种【脱俗】的氛围。在袅袅晨霭中，覆满青苔的庭园，静寂与数道射入的晨光酝酿而成的情景，唯【脱俗】可再现。

这种空间造型，如果没有打破虚假，加上后来自然涌现的景色，是无法成就的。若非如此，总会在某处留下人为的痕迹。

任谁造访这样的空间，心境都能获得净化。

柏林日式庭院【融水苑】2003【枯流与泽飞】【注²⁰】

【静寂】，向内的心

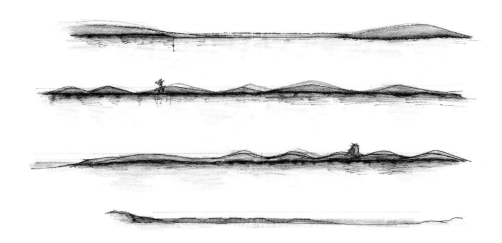

加拿大大使馆 设计加拿大大使馆（1991）时的加拿大景色速写

【静寂】就是【无限的安静】。

静寂并非毫无一丝声响的空间。鸟鸣、风吹枝摇叶动声，这些也是静寂。

静寂，应该说是【向内的心】。

以禅而言，即使在嘈嚷街道中，自己仍能感受静寂，才可说是真正的静寂。只有统整自己的精神，才能随时随地捕捉到静寂。

换言之，真正的静寂随处可拾，关键在于自己。寻求静寂不是逃离日常生活，而是在生活当中，感受内心的宁静。

在庭园中感受【静寂】时，必须设法感动身体与心灵。因此，设置的场所要让访客愿意长久伫留，聆听虫鸣鸟叫，悠悠欣赏庭园景色。

这时就像坐禅一样，不是用肺部呼吸，而是以丹田缓缓呼吸，静下心来。虽非坐禅，但是能够体验到与坐禅无异的舒畅感受。

静下心来后，会注意到此前不曾留意的鸟啼或爽然风声。这些声响自然地从耳边流逝时，便能领会掌握【静寂】。

【静寂】是自己在自己心中找寻获得的。

卑尔根大学医学部庭园【静寂之庭】2003【中庭　夜景】

逆向不自由的【自由奔放】

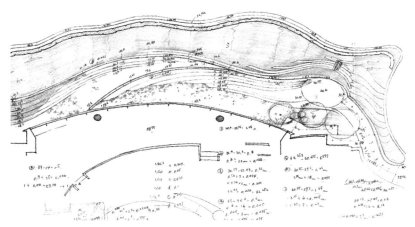

东急蓝塔饭店日本庭园【闲坐庭】2001【平面草图】

　　涩谷东急蓝塔饭店的庭园，邻接道路。这条道路是个向上的斜坡。庭园与道路之间一定需要建造挡土墙，但一旦建了挡土墙，庭园就不再是庭园了。

　　如果我的设计思考一直拘泥于【必须建造挡土墙】这个问题，就只能干着急，想不出解决方法。

　　后来，我想出或许能以庭园取代挡土墙，并与室内设计连成一气。于是，我决定采用如水波拍岸的设计。

组合石头呈水波状，逐渐涌向建筑物。结果，曲线排列的水波石组成挡土墙，却没有人会认为这一排排水波石组就是挡土墙，大概只会以为是用地有高低落差。

不自由、逆境、难题，都能逆向操作。

其中蕴含着禅特有的【自由奔放】与【自由豁达】。

受到拘束时，自己的心也会被束缚，想法就会狭隘；只要不受束缚，就能从各种不同角度进行思考。所以，必须让自己时刻保持从全方位角度来观察的心态。

如果只从某个角度思考问题的解决方法，容易忽视在反向角度上其实有更简便的解决方式。

若是心受到束缚，执着于唯一的解决方式，便太不值得。

在【留白】中注入【思想】

　　庭园中空无一物的部分，称为【留白】。这处空白场所其实蕴含着真心想要传达的想法。

　　举例来说，我已经造访京都龙安寺的石庭超过数十次了。我总是静静凝视，脑中盘算着，庭园里的石头哪块移动之后会如何……可是，这块移动之后，那块应该怎么办……我的盘算总是不尽如意。常常想着这块石头应该移开，然后又犹豫【不，还是不应该搬开。】

　　那座石庭中，总计有十五块石头。在靠近玄关到中央的部分空无一物。这个空无一物的空间其实至关重要。因为有这些留白，才能够营造紧张感。

　　禅言道：不立文字，教外别传。意即最重要之事以另种方式传达，不依赖文字和词语。所谓师徒相传，师父只是将其法直接传授于弟子。唯有弟子自己领悟个中真理时，师父才会告诉弟子正是如此。灌输传达这类重要事物时，并非塑造形式，而是将其灌输在空白之处。

　　这就是【留白】。

　　庭园用词中，称空间为【留白】；但在传统艺能世界，能乐演员称留白为【间】。能乐演员在动作挥舞之间，突然静止。这时现场弥漫着紧绷气氛。

我曾经在某个宴会上遇见一位能乐演员，他非常懂禅，自己也坐禅。我向他请教【间】的问题。他表示在那静止的一瞬间，自己的心情最能够灌注其中。

【间】的时间有多长呢？是自己默数一、二、三吗？那位能乐演员表示，那是依自己当时的心情而异。当自己认为【自己的心情已全部灌注其中】，身体就会自然而然地再度舞动起来。

打造得以感受这种余韵的场域或空间，实非易事。毫无留白的空间是最轻松的做法。因为不需要灌输任何思想，空有形式即可。

我将自己毕生累积的思想，投注在留白当中，因为这才是最上乘的方式。

也就是说，能乐的【间】，长短各有不同。

世阿弥以【远见】一词，表示遥望十分遥远的彼方。不过，遥望远方时，目光所及之处和呼吸等，都会随着当时的情况而有所不同。这些不同取决于自己当时的想法能够驰骋至何处。有些道理当然有口述相传，不过重要的还是自己的感受。

绘画或庭园中空无一物之处是【留白】，具有动作的事物的静止之处则是【间】。

这个部分会引起观者的好奇心。

受到吸引，然后思考，便形成【余韵】。

换言之，【间】、【留白】与【余韵】是成组共存的。因为有了【间】与【留白】，人们在面对它们时，才会自问【这是什么？】。

这是非常重要的。

打造得以感受这种余韵的场域或空间，实非易事。毫无留白的空间才是最轻松的做法。因为不需要灌输任何思想，空有形式即可。

我将自己毕生累积的思想，投注在留白当中，因为这才是最上乘的表现形式。

翠风庄【无心庭】2001 大广间（宴会厅）东侧枯山水

超越人类的【计算】

灌注于留白之中的想法，究竟是什么呢？关于这点，我有两种想法。

一是【自然体会到自己活在浩瀚宇宙当中是一项恩典】。我希望打造这种空间。

我们的周围，有自己本身，也有周遭的人，还有人以外的石头、建筑物、飘荡的气氛等，目不暇接的事物。这些全部都能由点串连成圆，形成一个宇宙。

如果自己从中抽身而出的话，这个圆就无法成立。无论缺少了哪一个人、哪一项事物，圆都不再完整。只有全体靠拢聚集，才能成圆，形成一个空间。也就是说，所有人都像是背负着一个小宇宙。

二是【能够感受到真实、真理、道理】。

自然这项事物，或是透过自然所感受到的事物，超越我们人类的算计。

例如，随着季节不同，有时刮北风，有时吹南风。南风吹来时，树木就会长出绿叶，盛开花朵。花开则招蜂引蝶，鸟儿也会飞来驻足。这不是凭人类的命令指示能够做到的，而是南风吹来后随即引发的一连串自然效应。

超越人类所有的算计。

这就是佛教所言的真实、真理、道理。真理称为【佛】，感受到佛则是【悟】。感觉到自己活在浩瀚宇宙中是一项恩典，从自然当中感受真理。这些都是我打造庭园时所怀抱投注的想法。

运用否定加以肯定

禅艺术代表之一的水墨画，其实并非黑白两色的单调艺术。有言【墨分五彩】【注21】。

举例来说，油画在草图上着色，能够任意使用与重叠各种色彩。

相对地，水墨画则是一笔定江山。画笔未尽之处，无法再后续补笔。但是，墨能够表现真实无法呈现的色彩。墨的表现力比原色更丰富。

【墨分五彩】意味着墨色的色彩有无穷的可能性，这不只考验创作者的能力，也是对鉴赏者的一种考验。因为水墨画是将重点置于提供想象的部分。

这里说的【想象】，不同于【单纯的想象】或【妄想】。体会肉眼无法看见的事物，感受想象的意义，其实是在感受佛，在观看真理、道理。所以又不只是想象而已。

禅是运用否定加以肯定。

水墨画一样是否定现实的色彩，提供观者各式各样的色彩想象。否定色彩，反而产生无限的色彩。换言之，反向地肯定了色彩。

提供观者想象，在想象中观看大自然与浩瀚宇宙。将肉眼无法看到的【心的状态】设法置换成其他象征方式，借此抒发自己。

然后在表现、想象当中，感受佛。这些表现、想象的呈现方式，不仅局限于水墨画或庭园，这就是禅的艺术。

第五章

给未来的创作者

不排除

　　与人初次见面时，若在之前曾经听闻对方的消息，例如，【他就是这种人】、【他是这种个性】，难免有先入为主的观念。

　　这时候请当作从未听过。对方或许的确有一些怪癖，不过也可能反而与自己十分契合。或许两人之间可以借由这种契合相互往来。

　　我们惯用善与恶、擅长与棘手这种，将事物二元对立的思考方式。

　　禅则不会区分美丑，也不会划分黑白。

　　现在的年轻人惯于二分化。思考事物时，总是不由分说地先排除丑陋的部分，区分外形的优劣，表现出来的结果常常缺乏深度。

　　如果大家都是聪明人，这个世界是无法成立的。若尽是俊男美女，就亦称不上为俊男美女。因为事物普遍化，万事就变得不再稀奇了。

　　故而，有多少人就有多少种不同的个性，各不相同的个性与志向，才会相互衬托而存在。任何人都无法独立一人生存。

　　如此一来，单纯地仅取精华剔除糟粕的作品便是【好作品】的想法终会消失。

不以二元方式看待事物，表现、想法、事物等构思，将更为自由开阔。

梅树的故事

禅的故事当中，有一则【梅树的故事】。

有两棵梅树，其中一棵平常就做好开花的准备，等待随时吹来的春风；另一棵梅树想等春风吹起之后，再准备开花。

可是寒冬迟迟不肯离去，春风脚步似乎尚远。一天，春风突然吹来。平时开始便做好万全准备的梅树立刻迎接春风，绽放花朵。而另一棵梅树开始准备开花。可是第二天又吹起了寒风，结果才开始准备的梅树，总是等不到开花的时机。

这就是佛教所云的【结缘】。

有了平日做好万全准备的【因】，才得以与春风结【缘】。因与缘相连，便成为【因缘】。在禅的想法中，缘与风一样，平等吹向众生。可是，要结缘开花，必须凭靠平日累积的修行。没有平时积累的因，即使缘到来，也只是空欢喜一场。

我将生活中碰到的困难或是不安，都视之为缘。除非同一段时间内工作重叠，出于有时间考量，否则每当我遇到自己从未负责过的大型项目时，我虽然也会担心是否有必要等自己能力再提升一些后再去挑战，但总能恢复到乐观的心态，鼓励自己勇敢面对挑战，因为自己已从平时开始积累了诸多经验。

在经历千辛万苦后完成的作品让我既有成就感又充满自信。周遭的人也因此对我的韧性和实力有了认可，进而对我抱以信赖。而这一切又都将化作我的成果。

不断寻找导师

在现在的社会环境下，要寻觅良师是十分困难的。

从前，有几位令我由衷尊敬的导师，从见面那一刻开始，以心传心，感应道交。他们让人发自内心地感受到希望在导师身边修行。而导师也是难觅想要倾囊相授的弟子。在结下这种因缘、遇见导师之前，只有不断旅行。这就是行云流水、【云水】、行云、如流水般、四处寻访导师等的语源。

现代人都是在本山修行，鲜有寻访之旅。其实本来应该在遇见导师之前，不断旅行，不断寻访导师。

最著名的例子是临济禅[注22]的白隐禅师。他不断修行，行脚诸国却寻觅不到导师，最后在长野县遇见正受老人（道镜慧端）。

正受老人是妙心寺派[注23]的禅僧。他对白隐说【这里没有你所求之道】，说完就赶走白隐；然而，他隐约感受到白隐拥有某种特质。后来，他提出只要白隐胸怀道心和修行的诚意，他愿意收入门下，并在严格的修行之后，传承道法。

后来白隐继续传教，返回原（骏河国原宿，今静冈县沼津）的松荫寺，重振衰退的临济宗。【骏河有二杰，一是富士，二是原地区的白隐】，可见白隐广获称颂。

追随大寺名师，不一定就能开花结果，其中还看缘分。但现今这个时代，根本不用讨论是否有缘，因为真正想要诚心修行的人少之又少。很多人会说苦无修行的机会，其实这是现代社会的弊病。即使是在家修行，仍然应该努力寻求导师。坚持求道是很重要的。

银鳞庄坪庭【听雪壶】2007【听雪壶】

敏锐感知世界

想要将自己的表现力展现于创作中，传达自己的想法，首先就要培养善于观察的眼睛。

最佳方式就是【欣赏美好的事物】。无用之物，欣赏再多也无法培养眼光。无论是庭园、绘画、雕刻或戏剧等所有的领域，欣赏美好事物时，总有感动。

若要欣赏美好事物，我觉得【仔细观察自然】便是最典型的。

自然具有四季的变化。映在眼底的秋天是一片金黄，春天则映入新叶的嫩绿。一天当中也是如此，夕阳晕染霞红天空，每个时刻各有无法取代的瞬间之美。必须有余裕留心这些景象，才能发觉其中之美并为之感动。

无暇感受不是因为过于忙碌没时间，而是由于我们的感觉早已迟钝。它亦无关时代，纯粹是感觉已经麻木。

尤其是在都市中生活，任何东西都随手可得，非常便捷，反而失去辨识美好事物的能力。

对于食物，不知何谓时令美味。季节的转换，也唯有在气候的骤变时才会注意到。对事物长存的感动之心俨然已经麻木。

我在大学里与学生接触时，总是告诉他们至少要仔细观察校园中的自然变化；并劝他们在闲暇之际，多多观察建筑物、庭园、室内装潢、商品等，寻找美好的事物。

例如，走进一间店里，感觉很不自在，就可以开始思考为什么那座空间让人无法久留，应该如何改善。

如果无法敏锐感受世界，并在脑中设法转化为文字，很难保持足以传达自己信念的透明心境。

当机立断

　　要想不让自己陷入犹豫，平常就必须养成当机立断的习惯。决定事物时，如果影响判断的条件尚未齐全，则先等待所有条件备齐。但是，一旦判断条件都齐备之后，就必须仔细思考，决定最佳选择。否则每次仅进行阶段性考虑，还得回想上次的条件是什么，重复考虑的时间都将成为一种浪费。

　　每件事情都要完全解决，不要留下残局。

　　即使判断是错误的，【不留下残局】才是重点。

　　我常开玩笑说：【可能明天就一命归天了，所以当下必须作出抉择。】武士也是如此。武士已看破生死，所以他们能够诚心接纳禅的想法。由于不知道自己何时将战死，武士都是当场决断，不留下残局。这就是武士道。

　　未来之事的确可作为判断的条件，思考将来的时代发展会是如何。然而，这并非绝对条件。老是担心还未发生的将来只能徒增烦恼。对于万一会发生的事，只需适当判断最佳解决方法即可。一味烦恼应该如何应对，其实只是在推测万一发生时应该怎么办，而那些部分根本不是现实，所以才会犹豫不决。这是妄念。

　　假设将来失败，导致不良结果，也已是过去了的事实，没办法消除，后悔无济于事。唯有忘怀，超越，弥补，汲取教训，下次努力。只要不重蹈覆辙就行。

坐禅

周日清晨举行坐禅。一般人士也前来参加，从五点开始准备。到了七八点，所有人已完全静下心来坐禅。

坐禅是【无功德】，并非寻求任何效用，然而精神高度集中之下，思考能力自然随之提高。

从医学观点来看，血清素提高对大脑传达讯息有一定裨益。心情舒畅时血管能扩张百分之二十五至百分之二十八。实力增加也就可以创造较佳成果。血液循环一旦顺畅，从丹田呼吸时，即使是寒冬，手脚依然暖烘烘的，精神肉体都清爽舒适。科学与生理学都已经证实坐禅的这些效果。

此外，在面对内心所求，也就是禅言【本我】时，坐禅也有非常重要的效果。重点是以身体亲自感受【当下活在大自然中所赐的恩惠】。从医学角度观之，坐禅则能得到前述成效。换言之，坐禅完全没有任何负面效果。

了解自己是活在大自然所赐的恩惠中之后，自然就会爱惜生命。爱惜生命，才能够冷静思考如何不虚度光阴，充实地享受每一天。

珍惜生活，珍惜工作，珍惜与人的相遇，这些都离不开身边所有人的支持。抱着这样想法，才会自然而然地产生【感恩】的心情。

能拥有这种心情，或许是举行坐禅最大的【功效】。

三十亿年之缘

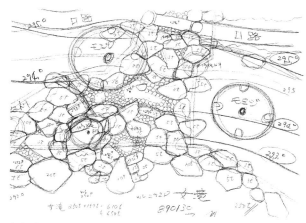

女泷　艺术之湖高尔夫球俱乐部（1991）设计时的草图

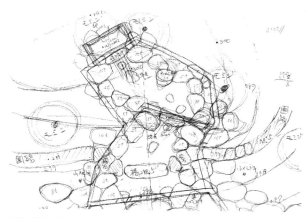

男泷　艺术之湖高尔夫球俱乐部（1991）设计时的草图

如今的社会，每个人似乎都以为能靠一己之力生存。总觉得自己工作赚钱过活，不需要仰赖任何人的照顾。

其实，我们的手、脸、脚，没有一个是靠自己制造出来的。我们的生命，一切皆来自佛祖，来自浩瀚宇宙。

今天，我们能够存在于这里，首先有父母，父母之上还有父母，如此脉脉相传。其中若缺少一人，我们都不可能存在。追溯到十代以前，每个人会有一千零二十四位祖先；追溯到二十代以前，就是千的千倍，有百万人；追溯到三十代以前，是百万的百万倍，有十亿人。每个人竟然都有这么多位祖先，着实令人吃惊。

这是三十亿年的缘。

因为有从祖先传承下来的缘，我们才能活在当下。

所以，这是前人赐予的宝贵生命，必须珍惜。有些人以为生命仅是自己的，于是轻易糟蹋浪费，甚至自杀。若知道生命是他人赐予的，就会明白必须好好珍惜。

坐禅，也许能够让我们切身感受到这项恩赐，而非用脑袋来思考得知。聆听着风鸣鸟啼，就会感受到自然围绕在自己的周围。

我们的生命之所以能够延续，都来自周遭生命的奉献和诸多事物的支持。注意到这点后，定会想合掌向自然道声谢谢。产生了感恩的情感，才能持续创造各种不同的表现。

不要被执着所束缚

艺术当中，出现了诸多病态的表现手法。我觉得那是受到【执着】困扰所致。

例如，创作了一件杰出的作品，获得世间的瞩目与好评之后，开始认为今后【必须不断创作超越前作的作品】。执着心油然而生，成为心灵上的束缚。结果，反而从此一败涂地。

有些人不受压抑，并以此为精神食粮，继续奋战。然而，多数人自此一蹶不振。挫败的情况更是千百万种，有些是再也无法创作，就此停笔；有些则逃避现实，沉迷酒乡；有些更是精神失常。这种欲望称为完全意欲或是所有欲，因为被【再次超越前作，必须不断向前迈进】的执着心束缚，导致自己动弹不得。

以禅的立场而言，我想说的是【表现出自己的现状即可】。无须超越任何事物。只需将自己内心的状态，置换表现在绘画、雕刻、庭园等任何事物上，只要能够展现出真实的自己即可。优劣任凭他人评断。

当然，前提是必须日日精进努力。简单来说，今日的自己不能止步于昨日的自己，而是已经向前迈进一步的自己。

不过，完全没有必要想着必须超越当初的成功、当初的自己。目标不是这种否定自我式的超越，而是每天一点一滴，就像慢慢平整路面般累积。这样日日精进，所有事物自然向前迈进。

　　以按照自己的实际情况，一点一滴、一步一步，慢慢累积向前迈进即可。

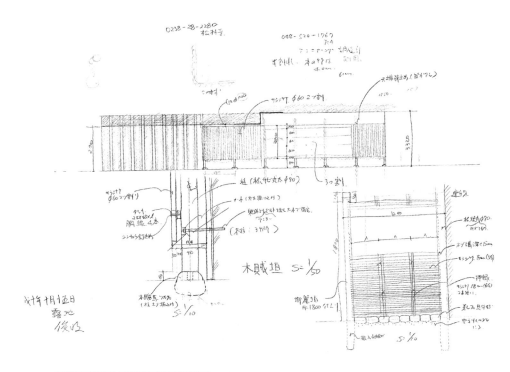

翠风庄（2001）设计时的露地草图【注24】

重要的事物一件就足够

　　除了庭园设计之外，所有事物在开始之初，或是年轻时，也都总有许多想尝试的事。于是，在一项设计中，那个也想试试，这个也想试试，欲望便开始无限膨胀。这是那个时刻独有的【执着】。

　　但以我而言，面对着庭园这座空间，进行各种尝试之际，我会探讨【如何才能够创造得以探寻自己生活态度的庭园】，唯有如此，才能追寻归结到真正重要的想法。真正重要的要素，一项就足够。

　　剩下的就是挑战如何去芜存菁、精益求精。

　　例如，想要表现自然美景、环绕自己周遭的广阔海洋时，总会考虑各种构想和元素，例如，【海边摆棵松树比较好吧】、【这边造个半岛，再造个景……】等做法。

　　然而，我逐渐发现摒除这些构想，浓缩再浓缩之后，剩下的才是真正重要的元素。刚开始我总是不知所措，生怕错失遗漏任何一项，不敢随意剔除，一心只想加入各种元素尝试。

　　等到开始浓缩时，才会发现没有断舍离的话，就无法找到重点。

如此一来，真正洗练的空间才会出现。

于是，魄力十足的凛然空间得以完成，形成感动人心的表现。

生命之【道】

　　精通剑道的人在练功学艺的时候，只称自己是在学习【剑术】。通过手中的剑，领悟生死，在与禅的思想融合之后，方才成为【剑道】。茶最初也是只称为茶水，与禅建立密不可分的关系之后，才成为【茶道】。花亦是如此，【花道】成道之前被称为【立花】。

　　【道】与禅结合，进而追求生命极限。

　　在这些精神之中，唯独没有执着，舍弃无谓之物。

　　剑界中，泽庵禅师[注25]传授柳生宗矩[注26]【无心剑法】的真谛。不败之剑的真谛在于心无所向。当自己想要刺向对方的手时，自己的心就为对方的手所束缚；想要刺向对方的脸时，心就为对方的脸所束缚。因此，泽庵禅师教导柳生宗矩心无所向，游刃舞剑。

　　于是，柳生宗矩坦然以待，放缓动作，对方反而不知道应该攻击哪个部位，也不知道柳生宗矩意在何处。没有任何攻击，所以也没有还击，最后不战而胜。

　　师徒两人的问答其实饶富趣味。某个雨天，泽庵禅师要求柳生【让我看看不让雨淋湿的本事】。于是，柳生走向室外，拔剑挥砍雨丝。被雨淋湿之前，他先砍断了雨丝。然后，他返回室内，说道：【这就是我的本事。】

　　可是，泽庵禅师回道：【原来这就是你的本事啊。】然后，他一边说着【好好瞧瞧我的本事】，一边走向室外。然而，禅师只是站着不动，淋得浑身湿透。接着，他说道：【我与雨合一。你只是想与雨分开，所以挥砍。而这才是真意。】

　　柳生从这段话获知人生真理，得到领悟，感铭在心。我想，追求设计极致表现的要点，就在这番话当中。

后记

打造庭园真的是一项丝毫不能松懈的工作。

因为，它将展现出我每天修行的所有成果。

而且，这个道理不限于庭园。

建筑、设计、艺术等各项领域中，所有创造者都是抱着同样的想法持续创作的。

打造禅庭时会注重考量【呈现】与【观赏】两者之间的相互关系；在设计之前，我们会先倾听对方的意见，尊重素材的特性，我们不能只局限于自己的想法，必须重视相互之间的联结。我相信在这些方面，本书应该提供不少参考助益。

禅学中满载着如何生存于这个世界的想法，例如，审视【人类应该如何生存】、【本我】等。将这些想法系统归结，自然形成艺术。其实，我认为所有艺术家和创作人的内心深处，都或多或少地存在着禅学的影响。

追求物质丰饶的时代已然结束。

自古以来，不以物质为本，而是以精神丰饶为本并发展至今的日本艺术与禅的思想，未来必将更受世界瞩目。

今后，我期许通过打造设计庭园，为丰饶社会和众人的生活，继续贡献一己之力。

合 掌

枡野俊明
2011年9月末

中文版注

1. 帚目：竹帚扫出的波纹。

2. 书院造：源起于镰仓时代的贵族住宅样式，内设有彰显身份的待客房间【座敷】，【床之间】（多用于摆饰字画和生花等的凹间、壁龛）、【床脇】（床之间旁的附属空间）、【付书院】（用以读书写字的凸窗）等等空间配置。

3. 应仁之乱：应仁元年至文明九年（1467~1477），发生于室町幕府第八代将军足利义政在任时的内乱，动乱造成幕府与守护大名等旧势力加速没落，新兴势力抬头，此后进入历时近一世纪的战国时代。

4. 台目：茶室的榻榻米计算单位，一般是榻榻米尺寸的四分之三大小。

5. 南北朝时代：日本历史上分成南北两位天皇的时代，自1336年至1392年，前为镰仓时代，后为室町时代。

6. 石组：用多个景石构成的组合。

7. 泷石组：小瀑布的叠水溪流。

8. 数寄屋：日文【数寄】一词读音为 suki，与【喜】之意同音，喜（爱好）风雅，好和歌、茶道之士所使用的茶室空间称为【数寄屋】，起于安土桃山时代（1573~1603，织田信长与丰臣秀吉称霸的时代），江户时代后发展为一种住宅样式。

9. 延段：由石块、石板铺成的直线或曲线小路。用于园内行走，或是增加景观变化。

10. 蹲踞：在茶室庭园中的洗手石盆。

11. 雪见障子：窗下部安装玻璃，可往上推开的拉窗，供室内赏雪用。

12. 建具：日本房屋隔门、和纸门、隔扇等用于隔开室内外或室内隔间的可动式物件总称。

13. 床之间：又称凹间、壁龛，和室一隅向内凹进的小空间，由床柱和床框构成，多用于摆设挂轴、生花或盆景。

14. 柿涩：天然涂料，以未熟涩柿子果实碾碎榨汁，再将汁液过滤，发酵制成。具有防水、防腐、防虫的效果。

15. 《百万朵玫瑰》：拉脱维亚歌谣《圣母赐给你的生命》（Dāvāja Māriņa），后填入了俄文歌词，由俄罗斯流行歌手普加乔娃（Alla Pugacheva）演唱，1983年推出；歌词描述画家痴情恋上女演员，变卖家产买下百万玫瑰以博取美人芳心。

16. 襖绘：日本传统和式纸门上的绘画。

17. 手水舍：在神社或佛寺内，提供参拜者洗手和漱口的设施建物，一般无墙，四角为立柱，中间放有手洗石盘。

18. 泷壶：指瀑布水流落下处成渊之地。

19. 寒山拾得：寒山为唐贞观时期的诗僧,隐居浙江天台山寒严洞（寒山)而得名；拾得是弃儿，因天台山国清寺丰干禅师外出拾回而得名。此后拾得成为国清寺的厨僧，经常将寺中的剩菜送给寒山，两人因而结缘。清雍正时期封二僧为和合二圣，掌管和平与喜乐的神仙。

20. 枯流与泽飞：【枯流】由石堆叠形成的流水意象；【泽飞】水中的踏脚石。

21. 墨分五彩：即墨分五色。以墨的明度分层，表现物体的五色之相，一般指【浓、淡、干、湿、焦】。

22. 临济：禅宗五叶（临济、沩仰、曹洞、云门、法眼）之一，开宗祖师为中国唐代禅僧义玄。日本临济宗在江户中期由白隐禅师发扬光大，不同于唐代。

23. 妙心寺派：日本临济宗十四支派之一，是最大一派，大本山位于京都的妙心寺，祖师为关山慧玄。

24. 露地：泛指茶室庭园（附属于草庵式茶室外的庭园）。

25. 泽庵禅师：1573~1645，名泽庵宗彭，江户初期的临济宗大德寺住持，精通诗歌、俳句、茶道、书画，著《不动智神妙录》，阐述【剑禅合一】的心法。

26. 柳生宗矩：1571~1646，江户初期的　主、剑术家，历经德川幕府第一、二、三代将军，确立【柳生新阴流】流派的地位。

（作者简介）

枡野俊明

曹洞宗德雄山建功寺住持
庭园设计师（日本造园设计代表）
多摩美术大学环境设计学科 教授

枡野俊明生于 1953年，于玉川大学农学部农学科毕业之后，前往大本山总持寺修行。在坚持创作禅宗庭园同时进行演讲活动，活跃于国内外各大高校及美术馆中。作为一名庭院设计师枡野俊明首次获得艺术选奖文部大臣新人奖，并曾授予外务大臣表彰、加拿大政府"加拿大总督表彰"、德国联邦共和国功劳勋章功劳十字奖等荣誉。2006年在《新闻周刊》日文版中当选"世界上最受人尊重的100个日本人"。
主要作品有加拿大驻东京大使馆、蓝塔东急酒店日本庭院、柏林日本庭院、卑尔根大学新校区庭园、麹町会馆（Hotel Le Port 麹町）庭园等。
主要著作有《日本造园心得》 英译版《Inside Japanese Gardens》（财团法人为花与绿博览会纪念协会，由每日新闻社发行）、《禅之庭 枡野俊明的世界》（每日新闻社）、《禅之庭2 枡野俊明作品集》（每日新闻社）、《梦窗疏石 日本庭园的终极禅僧》（日本放送出版协会）、《如此这般 让心情放松的禅语》（朝日新闻出版社）、《禅 简单生活推荐》（三笠书房）、《禅 简易联想法》（广济堂出版）等。

（作者简介）

枡野俊明

曹洞宗德雄山建功寺住持
庭园设计师（日本造园设计代表）
多摩美术大学环境设计学科 教授

枡野俊明生于 1953年，于玉川大学农学部农学科毕业之后，前往大本山总持寺修行。在坚持创作禅宗庭园同时进行演讲活动，活跃于国内外各大高校及美术馆中。作为一名庭院设计师枡野俊明首次获得艺术选奖文部大臣新人奖，并曾授予外务大臣表彰、加拿大政府"加拿大总督表彰"、德国联邦共和国功劳勋章功劳十字奖等荣誉。2006年在《新闻周刊》日文版中当选"世界上最受人尊重的100个日本人"。

主要作品有加拿大驻东京大使馆、蓝塔东急酒店日本庭院、柏林日本庭院、阜尔根大学新校区庭园、麴町会馆（Hotel Le Port 麴町）庭园等。

主要著作有《日本造园心得》 英译版《Inside Japanese Gardens》（财团法人为花与绿博览会纪念协会，由每日新闻社发行）、《禅之庭 枡野俊明的世界》（每日新闻社）、《禅之庭2 枡野俊明作品集》（每日新闻社）、《梦窗疏石 日本庭园的终极禅僧》（日本放送出版协会）、《如此这般 让心情放松的禅语》（朝日新闻出版社）、《禅 简单生活推荐》（三笠书房）、《禅 简易联想法》（广济堂出版）等。

著作权合同登记图字：01-2017-8719 号

图书在版编目（CIP）数据

共生的设计 /（日）枡野俊明著；康恒译 . -- 北京：中国建筑工业出版社，2018.4（2021.2重印）
ISBN 978-7-112-21959-9

Ⅰ . ①共… Ⅱ . ①枡… ②康… Ⅲ . ①园林设计 – 景 观设计 Ⅳ . ① TU986.2

中国版本图书馆 CIP数据核字 (2018)第 051447号

TOMOIKI NO DESIGN -ZEN NO HASSOU GA HYOUGEN WO HIRAKU
by Masuno Shunmyo

本书由日本株式会社 Film Art 社授权我社独家翻译、出版、发行

责任编辑：张鹏伟 刘文昕
责任校对：王　瑞
装帧设计：韩文斌

共生的设计
[日] 枡野俊明　著
康恒　译
*
中国建筑工业出版社出版、发行(北京海淀三里河路 9号)
各地新华书店、建筑书店经销
七月合作社制版
北京富诚彩色印刷有限公司印刷
*
开本：787×960毫米　1/20　印张：10 ⅘　字数：152千字：
2018年 4月第一版　2021年2月第二次印刷
定价：49.00元
ISBN 978-7-112-21959-9
　　　(27474)

庭园，是文人墨客向往自然、精神世界的寄托，同时也反映了社会的文化体系及价值观。

近年来，庭园文化的兴起，使得相关学者及实践者日益增多。

每个时代都有其对应的庭园样式，当下亦是如此。

——康恒